JN129404

世界に届け、天使の杖

佐藤伸也氏聞き書き

中村隆典

梓書院

世界に届け、天使の杖＊目次

第4章 「天使の杖」の誕生 …… 95

エピローグ 134

装丁／木村由巳夫

序章

いま、私の手元には一本の杖があります。

発明者・佐藤伸也氏の情熱と研究の結晶であるその杖は、まるで大地にどっしりと根を下ろした樹のように力強く自立しています。

この姿を見ていて思い起こすのは、三年前、佐藤氏への取材で初めて自立する杖「孫の手ステッキ」を手にしたときのことです。従来にない画期的な自立する仕組みを取り入れたこの杖の発明は、佐藤氏が十年以上前に末期の咽頭がんという突然の宣告を受け、そこから壮絶な治療とリハビリを繰り返す中で、入院中の病院で起きた出来事からお年寄りのために「滑らない、安全で安心な杖があればいいのに」と考えたことがきっかけでした。そして「世の中にまだないのなら自分が作ればいい!」と決意した佐藤氏の、数年に及ぶ研究と開発により生み出されたのです。

この孫の手ステッキの誕生について書いた著書『孫の手ステッキは神様からの贈り物』(二〇一三年、梓書院刊)の取材と執筆を通じて良いご縁をいただき、私が佐藤氏と交流を重ねるようになって三年以上の歳月が流れました。しかし、その間も佐藤氏の杖開発への情熱は衰えるどころか、ますます強くなるばかりです。

「孫の手ステッキで決して完成ではない。これからもまだまだ追求していきたい機能がある、洗練させたいデザインがある。なぜならその向こう側には、必ず杖を使うお年寄りや足が不自由な人たちの笑顔が待っているはずだから！」そんな開発への思いを語る佐藤氏の目には、変わらない情熱と、発明家としての魂が燃え続けていました。

佐藤氏の情熱は、その後二〇一三年にさらなる進化を遂げた「アシスト多点杖」を生みだし、さらに多くの人々に笑顔と元気を届けました。そして今、目の前に一本の新しい杖があります。孫の手ステッキとも、アシスト多点杖とも明らかに異なる杖先デザインは、佐藤氏が描き続けてきた理想の自立杖の姿と言えるかもしれません。

孫の手ステッキの安定性とアシスト多点杖で実現した歩行を快適にする機能を、さらに研究して開発された、より「歩きやすさ」を追求した理想の自立杖、それがこの「天使の杖」なのです。


私がこの杖を初めて目にしたのは、二〇一六年一月頃のことでした。

『孫の手ステッキは神様からの贈り物』の取材を終えたのがちょうど三年前の二月のことでしたから、実際にお会いするのはおよそ一年ぶりのことだったと思います。

それは、一本の電話がきっかけでした。

携帯電話の着信音に呼ばれ、画面に表示された佐藤氏の名前を見たとき、私の脳裏に懐かしく楽しい思い出がよみがえりました。本の取材で語り明かした夜、資料探しに長崎市や大村市、そして佐藤氏の故郷である東彼杵(ひがしそのぎ)を巡った日々……。わくわくしながら通話ボタンを押した私は、思わず大声で応えました。

「お久しぶりです！　お元気でしたか？」

「ありがとう、お陰さまで元気ですよ！」

いつもと変わらぬ心のこもった優しい口調は間違いなく佐藤氏の声でした。

咽頭がんの再発のために入院と手術を繰り返していた彼には、声帯を、声を失うリスクがつきまとっています。だから私は、その声を無事に聞けたことにまず懐かしさとともに安堵をします。

しかし、この時の佐藤氏の声にはいつもとは少し違った響きがありました。まるで喜びを我慢しているような……そして次の瞬間、私にこう告げたのです。

「できたよ、遂に！」

「えっ？」

　一瞬、私はそれが何を指すのかわかりませんでした。

　けれども、佐藤氏は続けます。今度は少し茶目っけのある言い方で。

「完成したよ、最高の杖が！」

　それは、佐藤氏が何か素敵なことを思いついたり発明したりした時の話し方でした。

　そこで私は理解しました――佐藤氏が遂に〝あの杖〟を完成させたのだと。

　ずっと以前から「従来の杖をさらに進化させた自立杖を作りたい！」と話していた佐藤氏でしたが、そのイメージが形となり、試行錯誤の末にパーツが開発され、試作品となり、ついに完成へ至ったのです。

「おめでとうございます！　是非、祝杯をあげましょう！」

　私は今すぐにでも長崎に飛んでいきたい気持ちでしたが、佐藤氏が北九州市を訪ねたいということで、日程を合わせることにしました。

「この杖を実際に手にとって見てもらいたいし、どうしても会って伝えたいことがあるのです」

電話の向こうで嬉しそうに話した後、佐藤氏は静かにこう続けました。

「ついに時が来たのです……あの日の約束を果たす時が！」

あの日の約束。そう聞いて思い出されるのは、生涯忘れることのない、二〇一四年四月十九日という奇跡に満ちた一日の出来事です。

佐藤氏が「ついにあの日の約束を果たす時が来た」と告げたこと。

それは、あの約束を果たすために必要なすべての準備が整ったことを意味していました。

そしてこの瞬間から、佐藤伸也氏の新たな挑戦が始まったのです。

――これは、その生涯において杖の開発に命をかける発明家・佐藤伸也氏に起こり続ける、不思議な運命の選択と、それに導かれた数奇な人生を描いた物語。

序　章

第1章　ルーツ探しの旅路

佐藤伸也氏との出会いと「孫の手ステッキ」

私が佐藤伸也氏と初めて出会ったのは、二〇一二年の秋口のことでした。

佐藤氏は世界でも前例のない仕組みを持つ、まったく新しい自立する介護杖を開発した発明家です。私はその素晴らしい杖を開発したきっかけから完成に至るまでのエピソードをまとめるため、半年あまり彼を取材させていただきました。そうして出版されたのが前著『孫の手ステッキは神様からの贈り物』です。

それから瞬く間に二年近くの月日が流れましたが、その間、佐藤氏が心血を注いで開発した自立する介護杖「孫の手ステッキ」は、介護業界を中心に自立杖の新たな境地を開いていきました。

『歩行が楽になった』

『今までの杖とは安心感が全然違う』

『毎日の散歩が楽しくなった……ありがとう』

このように杖を使った全国のお年寄りや、杖の贈り主さんからの喜びの便りがたくさん届けられるようになり、その思いを糧にするかの如く、佐藤氏はその後も「孫の手ステッキ」の改良進化型である「アシスト多点杖」を開発・発表するなど、発明家としての情熱は衰えることを知りません。

杖を開発することについて、佐藤氏はいつもこう語っています。

「人間が転倒しそうになるとき、とっさに取る行動が地面に手を突くことですよね。だからこそ理想の杖は手や足の延長なのです。私の開発した杖を突くことによって、手がもう一つの足となり、前へ前へと力強く歩いていける。倒れそうになっても杖先の手が地面を突いてくれる。だから倒れない！

歩くことが楽しくなれば、どこに行っても笑顔になれると思います。私は杖を突いて辛そうに歩くのではなく、歩いて笑顔があふれるような杖を作り続けていきたいのです！」

このような発想を常に持っているからこそ、佐藤氏の杖作りへの思いやアイデアは尽きることがないのでしょう。

モノ作りへの思いを語るときの佐藤氏の表情は、いつも少年のようにキラキラと輝いています。彼のような人こそ「生粋の発明家」なのだと感心させられるのです。

このように現在は発明家として名を知られる存在となった佐藤氏ですが、実のところ彼は、以前から大変ユニークな人物としてその名が通っていました。というのも、佐藤氏は地元・長崎県で飲食店オーナー兼シェフとして数多くの店舗を経営するなど、様々な事業を手掛けてきた若き実業家だったのです。

この飲食店オーナーとしての歩みだけでも一冊の本にできるほど、佐藤氏の半生は大変面白いエピソードに満ちています。例えば、地元の方ならずとも、長崎を訪れたことのある観光客であれば誰もが知っている「世界新三大夜景」の一つ、稲佐山。その展望台にある「ランビニ」というレストランも、かつては佐藤氏が経営していた店舗の一つでした。

「お客様もスタッフも……自分の周りの人みんなを笑顔にしてあげたい！」

そう語っていたという佐藤氏。どんな事業においても常に変わらない、彼のこのスタンスこそが、常に独創的な「アイデア」を生み出す母体となっているのではないかと私は強く感じるのです。

かつての１号店「ランビニ」にて

「ランビニ」にて家族・友人と（前列右が佐藤氏）

料理人から発明家へ

さて、前著『孫の手ステッキは神様からの贈り物』に詳しく書いていますが、この若き事業家である佐藤氏の人生は、末期がんの宣告という衝撃的な事実により一変します。

もし、佐藤氏ががんになっていなければ、彼は今も飲食店オーナーとして料理とおもてなしの世界からたくさんの人を笑顔に、そして長崎の発展に尽くす実業家としての人生を歩んでいたに違いありません。

しかしながら現実は、突然の末期がんの宣告から始まり、成功する見込みがほとんどないとも言われた手術、その成功後も地獄の苦しみとさえ思える放射線治療と抗がん剤治療、ようやく奇跡の生還を果たしたかと思えば、わずか数か月後のがん再発に繰り返される手術と厳しいリハビリ……。普通の人であれば絶望して生きる気力を失いかねない、まさに悲劇としか表現できないような出来事が佐藤氏を襲いました。

それにも関わらず、佐藤氏は逆に「自分は、なぜまだ生きていられるのだろう?」と考え、その答えを見つけようと気力を新たに、前へ前へと進み続けました。そして迷ったときはいつも、これまでの行いを振り返り、そこから生前の父の言葉を思い起こすようにしていたそうです。

「何かもっと人のお役に立てることがあるだろう?」

かつて佐藤氏は、この父の言葉を顧みることができなかったといいます。しかし、末期がんの告知から始まった一連の出来事を経た彼は、この言葉を生きる希望としました。そして、「新たに得た命をどのように活かせばよいのか?」を探し求める日々へと変わっていったのです。

「これから自分が何を為すべきかはまだ分からない。ただ一つ言えることは、これからの人生はもう料理人としての道ではない、まったく別の何かがあるはず!」

最初の手術を受ける前には、一日も早く料理人として復帰することだけが励みだったはずの佐藤氏の胸に、不思議なほど強い決意が生まれていました。そして、その純粋で一途な思いが、佐藤氏をこれまでの人生とはまったく異なる発明家としての新たな道へと導くことになったのでしょう。

そうでなければ、末期がんの手術や抗がん剤、放射線治療の痛みや苦しみを経験しながら、悲観もせず悲嘆にもくれず、杖の職人でも介護業界の人間でもないのに、ただ病院の中で杖を滑らせたおばあちゃんのために、滑らない使いやすい杖を作ってみようと考えるでしょうか。

私が佐藤氏と出会ったのは、そんな新たな人生の選択に導かれて「孫の手ステッキ」が開発された、まさに発明家・佐藤伸也誕生のときでした。

そして同時に、彼のもう一つのテーマである「自分はなぜ生かされたのか？　そしてこれから何をすればもっと人のお役に立てるのだろうか？」という答えを探し求める人生の旅の始まりの瞬間でもあったのです。

本来であれば本が出版されたところで私の役目は終わるはずでした。ところが、あの本の取材を通じて、佐藤氏と私はもう一つの扉を開けてしまっていたのです。それは、佐藤氏の新たなる人生の始まりの扉といえるでしょうか。迷うことなく新たな第一歩を踏み出した佐藤氏によって、私も新たな役割を与えられ、佐藤氏との交流が続くことになったのです。

故郷が呼んでいる

先の著書を執筆するにあたり佐藤氏への取材を重ねていく中で、私は彼の人生における大切なテーマが「選択」であると強く感じていました。例えば末期がんの宣告から手術を受けるか否かの決断、手術後の抗がん剤治療や放射線治療を受けるか否かの判断、リハビリ中の病院転院やタイミング……それらすべてにおいて、佐藤氏の命をかけた「選択」がありました。そして、その「選択」の基準となっていた思いが「自分は何のために生まれてきたのか？」という問いであり、その答えを見つけたいという意思によって、生きるための最善の選択肢を取ることができたのではないかと思うのです。

それは、やはり佐藤氏自身も同様に考えていたそうです。病院でのリハビリ中、彼が常に感じていたのは、「自分がそのように感じるのは一体なぜなのか？」ということ。亡き父が生前に自分へ言い残した「もっと人のお役に立てる生き方を」という言葉の意味を考えれば考えるほど、その思いは強くなっていき、ついに彼は一つの選択へと辿り着きました。

それは故郷である東彼杵に近い、大村市にある病院に入院しているときのことでした。今考えてみれば、その故郷の力が佐藤氏を導いてくれたのかもしれません。

「そうだ、まず自分のルーツを探してみよう！」

佐藤氏の脳裏に浮かんだのは、自らの運命を知る方法として生まれ故郷へ帰ることでした。不思議なもので、長崎市内にいる時には決して出てこなかった発想が、故郷に近い大村市までくると自然に出てきたのだそうです。病室の窓から大村市の風景を眺めていると、同じ入院であるにも関わらず、長崎市内にいたときよりもなぜか心がほっとするのだと佐藤氏は話しました。

東彼杵の大村湾

そんな故郷の風を感じながら佐藤氏は、父の言葉や幼少時からの思い出を振り返る中で、父母からだけでなく親戚のおじさん、おばさんたちからも、故郷・東彼杵の歴史や佐藤家のご先祖様の歩みについて様々なエピソードを聞いていたことを思い出したそうです。その時、佐藤氏は直感したのです。

「自分が探し求めている答えはご先祖様の歩みの中にあるに違いない！」と……。

こうして退院後、杖の開発を行うわずかな合間に、佐藤氏は故郷・東彼杵に戻り自身のルーツ探しを始めました。彼は懐かしそうに当時のことを振り返ります。

「日々にどんなストレスがあっても、こうして車を運転して故郷を目指していきますよね。そして大村湾が見え、やがて東彼杵が近づいてくると、不思議なくらい、すうっとストレスがなくなってしまうんですよ！」

実際に私は「孫の手ステッキ」の取材中、佐藤氏の運転する車の助手席に座り、彼の笑顔と元気の源である故郷・東彼杵の地を訪れる機会が何度かあったのですが、穏やかな波がキラキラと輝く大村湾の美しい風景が見えてくると、たしかに佐藤氏の表情がぱっと明るくなり、話す声まで心なしか弾んでいました。

そして東彼杵のインターチェンジが近づいてくると、その向こうの山裾に遠目からでもはっきりとわかる、並び立つ無数のお墓が見えてきます。これが佐藤家一族のお墓です。つまり佐藤氏にとっては、故郷に戻り最初に出迎えてくれるのがご先祖様たちなのです。

ルーツを求めて

佐藤氏は車での道中、ご自身が記憶している佐藤家のご先祖様の歴史について色々な話をしてくれました。その中でも特に面白かったのが、日本地図の作成で有名な江戸後期の学者である伊能忠敬が、測量行脚で長崎地方を訪れた際に宿をとったのが彼杵であり、その時に一行をもてなしたのが佐藤氏のご先祖様であったというエピソードでした。ご自身の人生だけでも本になるほど面白い

佐藤家墓地

のに、ご先祖様まで歴史に名を残す人物なのですね、と話したのを覚えています。

また、佐藤家と「日本二十六聖人殉教」にまつわる逸話も興味を引きました。長崎の歴史の中でも有名な「日本二十六聖人殉教」ですが、これは時の権力者であった豊臣秀吉によるキリシタン禁止令により、一五九七年二月五日（旧暦では慶長元年十二月十九日）に宣教師六人と日本人信徒二十人が長崎で処刑された出来事です。特に、処刑が行われた西坂の丘は現在巡礼地として世界中から多くの人々が訪れています。

その二十六聖人が処刑の前日、佐藤氏の故郷である東彼杵に辿り着き、そこから厳寒の大村湾を船で長崎の時津へと渡ったのだということを知って驚きました。彼らは京都で市中引き回しになった後、同年一月十日に長崎で処刑せよとの命が下され、長く苦しい道のりを経て二月四日、ついに東彼杵へ辿り着いたとのことです。

当時、長崎地方は大村藩の元で統治されており、先代の藩主である大村純忠公（一五三三～一五八七年）は日本初のキリシタン大名として宣教を認め、領地内に多くの信徒がいました。二十六聖人に京都から極寒の道のりを歩かせ、わざわざ長崎の地で処刑しろという命を下したのも、九州、特に長崎におけるキリシタンの影響力の大きさを知っていたためでしょう。

その頃の佐藤家は、代々彼杵の地において別当や乙名などの役職で各地域を治めており、佐藤氏が聞いた話には、大村純忠公時代には佐藤家もキリシタンだったらしい、という逸話もあったそうです。もしかすると、佐藤氏のご先祖様も東彼杵の地に辿り着いた二十六聖人の姿を目にしていたかもしれません。

さらに余談ではありますが、大村純忠公は晩年、咽頭がんを患っていたといわれています。佐藤氏が患っていたのも同じ咽頭がんであり、実はこの後、佐藤氏の人生は大村純忠公とその時代背景に不思議なほど繋がっていくのですが、当時の私たちは、そのことをまだ知る由もありませんでした。

そんなわけで「孫の手ステッキ」誕生の物語の取材は長崎市内を飛び出し、佐藤家のルーツとなる思い出の地を回りながら続いていきました。この時の取材の様子は、『孫の手ステッキは神様からの贈り物』において、佐藤氏のルーツ探しによって知り得たうちのいくつかを検証し、長崎の歴史に関わる佐藤一族のエピソードとして「コラム」という形で紹介させてもらいました。

もし、佐藤氏が自分のルーツ探しを人生のテーマにしていなければ、私は佐藤氏の生まれ故郷である東彼杵を訪ねることはありませんでした。末期がんの闘病や杖の開発エピソードを取材するだけであれば、彼の故郷へ足を運ぶ必要はなかったからです。

しかし、佐藤氏が自らの生きる意味を探し求め、私自身も取材の中で、なぜ佐藤氏があのような杖を作ろうと思いついたのか、という理由を深く求めていった時、その根底にある「ご先祖様への思い」を感じて、佐藤氏と私の思いは自然に彼の生まれ故郷・東彼杵へと導かれていたのだろうと思います。

資料の山からの発見

さて、前著にこの「コラム」を掲載するにあたり、私と佐藤氏はその言い伝えについてきちんとした出典を探すべく、長崎市内の市立図書館や県立図書館、歴史博物館などを回って資料を探し求めました。資料探しは主に郷土史に類するものになるため、図書館司書の方にもご協力いただいて書庫から特別に貸し出してもらうことも少なくありませんでした。

「これは違う、これには載ってない……」

「あ、ここに伊能忠敬の測量の記録が……逸話に出てきたご先祖様、佐藤常治さんと仰るのですね!!」

　そのような会話を交わしながら、私たちはまるで宝探しの謎解きでもするかのような好奇心に満ちた楽しい時間を過ごしました。そしていくつもの郷土史や歴史資料の中から、ついに佐藤家に伝わる一つの逸話を裏付ける記述を見つけることができたのです。

「あった！　ほら！　ここ、ここに載っている！」

「すごい！　本当に名前が出ていますよ」

　それはあの大村純忠公の時代に、純忠公が長崎と茂木地方をイエズス会に寄進した出来事にまつわる逸話でした。昔、佐藤氏が耳にした話の中に、この時に寄進された土地の一部を治めていたのが、佐藤家だったとの言い伝えがあったのです。

　そして、『大村藩古切支丹研究資料』の中に佐藤加兵衛という名前を見出すことができました。たしかに、この地の歴史に佐藤家が関わっていたという証拠になります。

　この時の感激は今も忘れることができません。沈黙を旨とする図書館内において大変迷惑な話ではありますが、思わず叫び声をあげてしまいました。しかし、それだけの価値があったのだということを、確かな充実感がうかがえる佐藤氏の表情が物語っていました。

大村藩はこのイエズス会への寄進をきっかけに、長崎港の発展と共に開けていき、南蛮貿易の中心地となりました。今でも異国情緒が漂う長崎の街の歴史を語るとき、大村純忠公とイエズス会を中心としたキリシタンのエピソードの数々は欠かすことができない大切な物語なのです。

一方で、このイエズス会への寄進が、時の権力者であった豊臣秀吉に危険視され、キリシタン禁教令、やがてキリシタン弾圧へと繋がっていきます。この政策は徳川幕府でも引き継がれ、キリシタンの弾圧は明治三十二年まで続きます。大村純忠公の亡き後、相次ぐ禁教令やバテレン追放令などによって、大村藩でも大きな弾圧が行われました。こうしてキリシタン大名のもとで発展したキリスト教の布教は日本の歴史から一旦姿を消すことになるのです。

一連の資料を探していく中で、私たちは東彼杵の郷土史とともに、大村藩の歴史、特に大村純忠公の時代とキリシタンの歩み、そしてその後の歴史と長崎の現在に至る史実を知ることができました。そうした資料の中に、佐藤一族の確かな歩みがあったという事実と共に……。

ご先祖様からのメッセージ

その夜、私たちは苦労の末に探し求めた資料を肴に祝杯をあげました。

その席で、佐藤氏はしみじみとこれまでのことを振り返ります。ある日、突然末期がんの宣告を受けたこと。命がけの手術をして、その後も過酷な投薬治療や化学療法を行ったこと。入院中、同室であったお年寄りの方が杖を使いづらそうにしていたことや、大村の病院で杖を滑らせて大けがをしそうになったお年寄りの姿を見て、理想の杖を作ることを決意したこと。そして、「従来の仕組みと異なる画期的な自立杖」を思いつき、数々の試行錯誤を経てついに「孫の手ステッキ」を開発したこと。

これら今日に至るまでのさまざまな困難を乗り越える上で、佐藤氏の根底にあったのが「なぜ、自分は生きているのか？　これからどうやって生きていけばよいのだろうか？」という問いへの探求でした。

佐藤氏は図書館で資料を見つけ、佐藤家の足跡を知り、ご先祖様たちの歴史の歩みへ思いをはせた瞬間にこう呟きました。

「分かった……やっと分かった……!!」

その後、二年以上に及ぶ交流を経た今の私にはその言葉の意味がよく分かります。しかし当時の私には、そんな言葉の意味よりも、佐藤氏が呟いたその言葉の重みや深みが、ただ染みいるように心に響きました。

彼はついに辿り着いたのです。

「故郷・東彼杵への思いとルーツ探し」という選択を経て。

佐藤家は代々長崎の歴史において意義ある役割を果たし、その確かな足跡を残してきた。しかし、自分はまだ果たしていない。でも、だからこそ生きることができた。そしてご先祖様から何か大切なメッセージを貰ったのだ、と。

それは亡き父の残した言葉が背中を押し、ご先祖様の歩みが開いてくれた佐藤氏の新しい人生の扉でした。

それからしばらく経った二〇一三年の二月頃、私のもとへ佐藤氏から久しぶりの電話がありました。「孫の手ステッキ」の取材も無事に終わり、原稿を書いている最中のことです。

「佐藤さん、お久しぶりです。お元気でしたか?」

「元気ですよ!　……ところで私が今、どこにいるか分かりますか?」

そんな不思議な質問をする佐藤氏の声は、心なしか興奮しているようでした。

けれども、もちろん私には想像もつきません。

「いえ……どちらですか?」

「今、私、館山というところにあるイエズス会の黙想の家に来ているんです!」

「イエズス会、ですか?」

イエズス会と聞いてすぐに思い起こしたのが、あの図書館や歴史資料館を巡りながら佐藤家のルーツを探した日の出来事でした。そう、二十六聖人や大村純忠公とイエズス会、そして佐藤家の関係を知ったあの日の思い出が鮮やかによみがえります。

しかし、どうして佐藤氏が今、イエズス会にいるのでしょうか。

「一体どうされたのですか?　何かあったのですか?」

そう尋ねた私に応えた佐藤氏の次の言葉に、私は一瞬言葉を失いました。

「――私、クリスチャンになる洗礼を受けることにしました!!」

②東彼杵町歴史民俗資料館

東彼杵の歴史や文化について紹介している施設。
「ひさご塚」などの古墳出土品や二十六聖人についての資料、長崎街道の宿場町であった彼杵についての資料などが展示されている。

住所：〒 859-3807　長崎県東彼杵郡東彼杵町彼杵宿郷 430 番地 5
TEL：0957-46-1632
ホームページ：http://rekishi-higashisonogi.com/index.html

アクセス：
JR 彼杵駅から徒歩 10 分、町営バスセンター前バス停から徒歩 3 分

①大村純忠公・終焉の地「坂口館（さかぐちやかた）」

日本初のキリシタン大名・大村純忠公が隠居し、1587年、55歳で亡くなった地。未亡人は、同年、伴天連追放令が出されたとき、ここに宣教師をかくまい、息子の大村喜前が1606年に棄教するまで、イエズス会が使用していたという。

住所：〒856-0017　長崎県大村市荒瀬町1116

アクセス：
長崎自動車道大村ICから車で5分。または、JR大村駅からバスで20分坂口バス停下車徒歩3分

第2章　四月十九日の奇跡

洗礼式の日に

――二〇一四年四月十九日。

私たちは、あの奇跡に満ちた一日を生涯忘れることはないでしょう。

「――私、クリスチャンになる洗礼を受けることにしました!!」

あの時、電話口で佐藤氏にそう伝えられた日から、すでに一年以上の歳月が流れていました。

二〇一四年四月十九日、ちょうどこの年の復活祭（イースター）。この日、佐藤氏は長崎市内にあるカトリック中町教会で洗礼式に臨むことになっていました。

そう。あの決意の日から一年を経て、いよいよ佐藤氏がクリスチャンとなる日が訪れたのです。

もちろん私も当日の招待を受け、この歴史的な瞬間に立ち会える喜びを感じながら長崎を訪れました。長崎駅に到着した私は、そのまま中町教会に向かいました。佐藤氏が洗礼を受けるカトリック中町教会は幸いにも長崎駅から近く、徒歩でわずか六分くらいのところにあります。そして奇しくも、この中町教会の近くにあの日本二十六聖人殉教の地、西坂の丘があるのです。これもまた佐藤氏にとっては不思議なご縁だなあ、と思いながら私は教会までの坂道を歩き続けました。

後に知ったことですが、このカトリック中町教会は明治二十二年に設立準備が始まり、同二十四年に建設に着手、それから約六年後の明治三十年に完成したのだそうですが、その四五〇年以上前には、あのキリシタン大名であった大村純忠公ゆかりの大村藩屋敷跡だったとのことです。ここでも佐藤氏の人生の転機に、大村純忠公とのゆかりがあるように思えてなりません。

カトリック中町教会

ところで余談ではありますが、長崎は「坂の町長崎」と呼ばれるほど坂が多く、訪れた人に強烈な印象を与えます。わずかな市街地以外、四方八方を山に囲まれた長崎では斜面に家や建物があり、坂自体が町となっているのです。それゆえに、異国情緒漂う「オランダ坂」をはじめ、長崎には坂そのものが観光名所となっているところが多々あります。一般的な観光地と違い、観光名所から観光名所へと移動する道中である、坂そのものが情緒あふれる観光スポットとなっているのも、長崎県ならではの魅力の一つです。

とはいえ、実際に「坂の町」で暮らすとなると、毎日の生活から大変です。一連の取材を通じて私も長崎を訪れることが多くなりましたが、市街地以外では、どこに行くにもまず坂を登るか降りるかをしなければなりません。長年、長崎の坂で暮らしている人の多くは平地に暮らす人よりも膝の関節の軟骨がすり減りやすく、足腰を悪くしてしまうお年寄りも少なくないといいます。

そう考えれば、長崎ほど安全で安心な杖が必要な町はないでしょう。よく「必要は発明の母」と言われますが、佐藤氏がこの杖を発明することが出来たのも、一つにはそうした事実を日常的に目の当たりにしてきたことがあったのかもしれません。

さて、中町教会に到着して教会の門をくぐると、すぐに佐藤氏が満面の笑顔で迎えてくれました。まず私たちは力強く握手を交わしました。言葉を交わさずとも、思いは伝わる。そんな気持ちで一杯でした。

それからしばらくの間、旧交を温めながら今日の式の流れなどを確認したところで、佐藤氏が言いました。

「式が始まるまでもう少し時間があるので、よろしければ事務所に付き合ってもらってもいいですか？」

「もちろん構いませんよ……何か忘れ物でもされたのですか？」

「いいえ、先ほど、洗礼を授けてくださる神父様へご挨拶に伺った時に、孫の手ステッキを頼まれましてね……神父様は今日でなくてもいいので、後日いつでも、と仰ってくださいましたが、でも、私はこのめでたい日だからこそ、今日手渡ししたいのですよ！」

時間を見れば、たしかに式の開始までにはまだ少し余裕がありました。しかし、当時の佐藤氏の事務所は長崎市内からかなり離れた場所にあり、往復の時間を考えればぎりぎりになりかねないため、本来であれば、やはり後日にした方がよいタイミングです。

しかしながら、孫の手ステッキを渡した時の神父様の喜ぶ顔を思い浮かべているであろう佐藤氏の笑顔を見ていると、迷う必要などないようでした。

「いいですね……行きましょう！　お話は道中、車の中でゆっくりできますしね」

こうして私たちは急いで車を走らせ、佐藤氏の事務所へと向かいました。道中、洗礼式に至る今日までの様々な出来事について楽しく話していると、時間も忘れてあっという間に到着していました。

「すぐに戻ってきますから待っていてくださいね！」と言って佐藤氏は、杖を取りに事務所の中へと入っていきます。どんなに時間が迫っていようとも、今日の良き日に神父様に孫の手ステッキを手渡しできることに対する心からの喜びが、その後ろ姿から伝わってきました。

数分後、杖を持って出てきた佐藤氏は、「せっかくなので……」と何気ない動作で郵便受けを開け、届いている封書の束を取り出しました。

事務所の休業日に届いた手紙は休み明けに確認するのが普通でしたが、せっかくなので宛名だけでも確認しておきたかったのでしょう。時間が迫っていることもあり、さっと目を通していた佐藤氏の動きが、突然止まりました。

「えっ……これは……!?」

驚きの声を上げた佐藤氏の手には、一通の封書が握られていました。一見したところは普通の封書でしたが、宛名は英字でタイプされていました。

「Shinya Sato」

それは間違いなく佐藤氏宛の封書でした。そして封書を裏返した瞬間、私たちは思わず息を呑みました。覗き込んだ二人の目に、青色で印字された驚くべき文字が飛び込んできたからです。

「ローマ法王庁大使館!!」

私たちはほぼ同時に叫んでいました。

「これって……」

「ええ……これはバチカンからの手紙ですよ！」

二人とも驚きのあまり封書を開くことも忘れて、しばらくの間、その場で茫然と立ち尽くしていたのを覚えています。

それは四か月前、二〇一三年の十二月にローマ教皇様へと献上した「孫の手ステッキ」に対する返事に間違いありませんでした。

バチカンからの手紙

「とにかく開けてみましょう！」

私が固唾を飲んで見守る中、佐藤氏はやや緊張しながら封書を開きました。一通の封書を開いて中を見るだけのことに、これほど緊張したのは生まれて初めてだったのではないでしょうか。

封書の中には二枚の手紙と写真カードが入っていました。

まず目に飛び込んできた写真カードは、バチカンの統治者である第二六六代ローマ教皇フランシスコ様のサイン入りカードでした。それを見た瞬間、私たちは感動で言葉を失いました。それから無言のまま手元にある二枚の手紙を開けば、一通はおそらくスペイン語で、もう一通は日本語で書かれており、それは恐らくスペイン語を日本語に翻訳したメッセージだと思われました。

それはローマから佐藤氏に宛てた、心からの祈りが込められた温かいメッセージでした。

SECRETARIA DE ESTADO

PRIMERA SECCIÓN - ASUNTOS GENERALES

Vaticano, 7 de abril de 2014

Estimado en el Señor:

Cumplo con gusto el encargo de acusar recibo de su atenta carta al Santo Padre, en la que le expone su situación personal, al mismo tiempo que le envía un apreciado obsequio.

Su Santidad le agradece tan deferente gesto y le asegura un especial recuerdo en sus oraciones. Con estos sentimientos, e invocando la maternal protección de la Santísima Virgen María, Salud de los Enfermos, el Papa Francisco le imparte con afecto la implorada Bendición Apostólica, que complacido hace extensiva a su familia y demás seres queridos.

Aprovecho esta ocasión para expresarle los sentimientos de mi consideración y estima en Cristo.

Peter B. Wells

Mons. Peter B. Wells
Asesor

Shinya SATO

NAGASAKI

ローマ教皇様からの手紙

『拝啓
　貴殿から教皇様宛にお送りいただいた心のこもったお手紙を拝受したことを代理でお伝え申し上げます。お手紙では教皇様に貴殿の個人的な状況を打ち明けてくださり、また教皇様に対し素晴らしい贈り物もお届けくださいました。

　教皇様は貴殿のこのように抜きんでた心遣いに感謝するとともに、必ず祈りの中で特に貴殿のことに思いをいたすであろうとおっしゃっておられます。この気持ちをもって病人の回復なる聖母マリア様のご加護を祈り、またフランシスコ法王は貴殿と貴殿の家族、そして貴殿の大切な方々に対し、ご懇願の教皇の祝福を親愛の情を持ってお与えになっておられます。

　この場をお借りして、私のキリストへの敬意と愛情をお伝え申し上げます。

敬具』

　夢中になってメッセージを読み終えた私たちは言葉を交わすことも忘れ、その後もかわるがわるスペイン語の手紙や翻訳された日本語の手紙を手に取り目を通しながら、感動の余韻に浸っていました。

「すごいね……！」

佐藤氏はただ一言呟きます。その短い言葉の中に、どれほどの思いが詰まっていたことでしょうか。

ローマ教皇という雲の上の人物に対して、「孫の手ステッキ」を献上できたという事実だけでも充分すぎる出来事でした。それを、わざわざ日本へお礼の手紙を届けてくれるなんて。想像もしていないことでした。

「それにしても、洗礼式の日にわざわざ贈ってくださるなんて……何と言うか、粋なはからいですよね」

「教皇様に杖を献上できたことも奇跡だったけれど、去年、洗礼を受けると決意してから今日まで、不思議な出来事だらけだったよね」

思えば、昨年実現したローマ教皇様への「孫の手ステッキ」献上もまた、佐藤氏のルーツ探しによって明らかになった、四五〇年以上の昔から現代へと続く長崎の歴史による不思議なご縁の繋がりが導いたものでした。

そして、佐藤氏の洗礼式である今日この日に、この手紙が届くという奇跡のような出来事も……。

私は、今日という日が現実であるならば、すべてはあの日……佐藤氏が自らのルーツを知り、自らの人生を選択した日から始まったのだと確信していました。隣にいる佐藤氏も、きっと同じ思いを抱いているに違いありません。

その証拠に、この時私たちはどちらともなく空を見上げていました。

もちろん、確かな証拠はありません。けれども、私たちをとりまくこの不思議な出来事の連続は、まるで誰かの……ご先祖様の導きのような気がしてなりませんでした。いつしか、そのことを感じるような時に、私たちは無意識のうちに天を仰ぐようになっていたのです。まるでその彼方にいるかもしれないご先祖様の思いを確認するかのように。

日本二十六聖人

かつて、佐藤氏は故郷・東彼杵の河口にひっそりと佇む「日本二十六聖人乗船場跡」の石碑の前に立つと、何とも言えない不思議な気持ちになると語りました。

その場所は、先にものべましたように、京都から連れてこられた二十六聖人が処刑の前日に、東彼杵から長崎へと渡るために船に乗りこんだ場所です。

「多分……何かあるのでしょうね！」

故郷である東彼杵を訪れる度に自分のルーツや人生の意義に繋がる新たな発見があるのだという佐藤氏ですが、中でもこの日本二十六聖人殉教のエピソードには何かを強く感じているようでした。

この「日本二十六聖人乗船場跡」の石碑には、簡素ながら当時の様子がイラストと共に語られており、西坂の丘で行われた処刑の貴重な前日譚が描かれています。その意味ではこの東彼杵の港こそが、長崎における西坂の丘での殉教の「始まりの地」であるとも言えるかもしれません。

日本二十六聖人乗船場跡

長崎の歴史を語る上で、キリシタンの歴史は切っても切れない関係にあります。

　今から四五〇年前の大村藩（現在の長崎県）は、日本初のキリシタン大名であった大村純忠公の治世であり、長崎がイエズス会に寄進されるなどキリシタンが全盛期を迎えていました。しかし、大村純忠公の死後、豊臣秀吉が日本統一を行い、そして約二六〇年に及ぶ江戸幕府が敷かれる時代になると、キリスト教は「禁教」とされ、弾圧の対象とされるようになったのです。

　幕末の頃に江戸幕府は開国を余儀なくされ、その結果、国内に滞在する世界各国のキリスト教徒のために教会の建設は許可されましたが、一方で国民に対する「禁教令」

日本二十六聖人乗船場跡の石碑

は続いていました。明治時代に入っても江戸幕府からの政策を引き継いだ「五榜の掲示」の高札などにより禁教や弾圧は続き、明治政府がキリスト教の信仰と布教の自由を認めたのは、なんと明治三十二年のことです。

これにより、キリシタンは一度日本の歴史の表舞台から消え去りました。

しかしながら、この二八〇年以上に及ぶ弾圧という史実が逆に、この間もキリシタンたちが途絶えることなく生き続けていたことを示しています。

この間、禁教令から逃れて信仰を守り続けようとする隠れキリシタンと呼ばれる信徒たちを発見し、棄教させるためのさまざまな弾圧が行われました。二十六聖人の殉教もその一つで、キリシタン弾圧の主な舞台となったのが長崎でした。

けれどもその長崎では、親から子、子から孫へと、子々孫々キリスト教の教えが守り継がれていたのです。

キリシタンの発見

江戸時代の末期、幕府が開国を決意した後の一八六五年、長崎に在留する外国人のための「長崎居留地」において大浦天主堂が完成したときのことでした。

この大浦天主堂は日仏修好通商条約に基いて、フランス人の礼拝堂として建設されたもので、決して日本人へのキリスト教布教を許可したものではありませんでした。同年二月十九日に完成したこの教会は現存するキリスト教建築物としては日本最古であると言われています。大浦天主堂の正式名称は「日本二十六聖殉教者天主堂」といい、東彼杵の港から長崎の時津港へと送られ、西坂の丘で処刑された日本二十六聖人に捧げられた教会堂として命名されました。

これは、当時のヨーロッパにおいても、日本におけるキリシタン弾圧と殉教が伝えられており、中でも長崎における二十六聖人の殉教は、キリスト教圏の各国においてすでに広く知られるところとなっていたことによります。一八六二年には時のローマ教皇ピウス九世によって、殉教者たちは聖人（他のキリスト教徒の模範となるべき偉大な信者）の列に加えられました。もちろん、当時の日本人は誰ひとり知るはずもないことだったのですが。

ところが、この大浦天主堂が完成した直後、天主堂の司祭であったフランス人、プティジャン神父は驚くべき光景を目にしました。ある日、この天主堂にやってきた数名の日本の婦人が、「サンタ・マリアの御像はどこ?」と尋ねたのです。キリシタンが弾圧により根絶やしにされていたと思われていた日本において、いまだにキリシタンの教えが生き残っていたのでした。約二五〇年以上ぶりに日本においてキリシタンの生存が確認されたというこの衝撃の出来事は、プティジャン神父によってすぐに伝えられ、ヨーロッパでは大変大きなニュースとなりました。

　こうして振り返れば、四五〇年以上前に長崎で起きた「日本二十六聖人の殉教」という出来事から始まるキリシタン弾圧や鎖国という政策が、その後の日本の、そして世界の歴史に決して小さからざる影響を与

大浦天主堂

えていたことが分かります。そして、長崎はその歴史の渦の中心であり続けたのです。

「実はあの時代、この港の船を管理していたのが私のご先祖様だったそうなのです……だからこそ、このエピソードの背景に、何か強く惹かれるものがあるのかもしれませんね」

　佐藤氏はそう言います。

　いずれにしても、佐藤氏の故郷であり、また長崎における二十六聖人の始まりの地でもあるこの東彼杵を訪れたことが、佐藤氏のルーツ探しの旅にとって大きなターニングポイントとなったことは間違いありません。この後、佐藤家のさらなるルーツを求めて、長崎市内に戻り、二十六聖人記念館を訪れ、県立図書館、市立図書館などを回り様々な資料を探し続けていきました。そしてついに、長崎における様々な史実に名を残す佐藤家のご先祖様の歩みを見出すことができたのですから。

　その後も佐藤氏のルーツ探しは続きましたが、不思議なことに調べれば調べるほど、その興味は四五〇年以上前、大村純忠公の時代へと導かれていきました。郷土史に名を残す佐藤家のご先祖様が活躍した時代。そこに、ご先祖様のお導きを感じたとしても不思議ではないと思うのです。

こうした導きのもとで、佐藤氏は人生にとって大きな決断をしました。
――クリスチャンになろう。
そしてそれが、私が思わず言葉を失った、あの電話での宣言だったのです。

④日本二十六聖人殉教地

1597年2月5日（旧暦では慶長元年12月19日）に6人の外国人宣教師と20人の日本人信徒、二十六聖人が殉教した地・西坂の丘。殉教の様子が描かれたレリーフが建つ。
また、昭和25年（1950）にローマ教皇・ピウス十二世がこの地をカトリック教徒の公式巡礼地と定めている。

住所：〒850-0051　長崎県長崎市西坂町7-8

アクセス：
JR長崎駅から徒歩5分

③日本二十六聖人乗船場跡

殉教した日本二十六聖人が残した足跡を記念するため、町有地に建設されたもので、上の石には「日本二十六聖人乗船場跡　聖ペトロ・バウチスタの涙」と刻まれ、中間の土台 には二十六聖人記念館壁画を写した波佐見焼製のカラー陶板２枚がはめ込まれている。

住所：〒 859-3807　長崎県東彼杵郡東彼杵町彼杵宿郷

アクセス：
JR 彼杵駅から徒歩 10 分

第3章　イエズス会の導き

決意の理由

「――私、クリスチャンになる洗礼を受けることにしました!!」

その決意を電話で伝えられた時、私はどう返答してよいか分かりませんでした。

佐藤氏がルーツ探しにおいて、ご先祖様の誇りに満ちた足跡を知り、自らの人生の意味に大きな影響を受けたことは知っていました。そして、そのご先祖様が四五〇年前の大村純忠公の時代にキリシタンであったらしい、ということも。

そんな中での「クリスチャン」という宣言に、思わずどきりとして言葉が詰まってしまったのです。しかし、佐藤氏にとって私の動揺は想定済みのようでした。

「驚いたでしょう?」

佐藤氏はまるでいたずらっ子のような口調でそう言います。その明るい口調に誘われ、私もやっと落ち着きを取り戻しました。

「そりゃあ、驚きますよ!　いきなりの宣言ですからね……」

「ふふ、実はさ……」

そう言って佐藤氏は、その決意の理由を話し始めました。

長崎の歴史、そして自分のルーツを探す中で、佐藤氏が特に強く心を惹かれたのが四五〇年前に日本初のキリシタン大名として大村藩（現在の長崎）を統治した藩主・大村純忠公が起こした出来事と、そのことがもたらした歴史の変遷だったそうです。そしてこれらの出来事で欠かすことができない大切なキーワードが、「キリシタン」と、その宣教を行った「イエズス会」でした。

中でも佐藤氏に最も深い感銘を与えた出来事が、一五八〇年に純忠公が行った長崎・茂木地方のイエズス会への寄進でした。これは当時の大村藩の統治上欠かせない対外的な事情を反映したものでしたが、同時に、キリスト教の信仰が厚かった純忠公にとっては意義ある決断であったに違いありません。これにより長崎港は主にポルトガルやスペインとの交易によって発展し、キリスト教をはじめとする様々な西洋文化を取り入れた「南蛮文化」が花開きました。

しかし、これは一歩間違えば、他国の侵略を許すことにもなりかねない出来事でした。そのため、この純忠公のイエズス会への寄進は、時の権力者である豊臣秀吉にとっては脅威として映り、純忠公が亡くなった翌年にはバテレン追放令が発布され、禁教令、キリシタンの弾圧へと進んでいきます。

その後、イエズス会に寄進された長崎地方はすべて没収され、大村藩に返還されることなく、幕府の直轄領とされました。そしてこの後、長崎は江戸幕府の統治のもとでオランダ商人、中国商人を相手にした貿易を一手に受けて、新たな発展を遂げていくことになるのです。

佐藤氏はこうして世界の窓として発展を続けながら現代に至った長崎の歴史を振り返る中で、やはり大村純忠公の治世とその統治の元で始まったキリシタンの歩みにこそ、自らの人生の意義と同様に大きな意味があったのではないかと考えるようになっていたのです。そして同時に、佐藤氏も自らがクリスチャンとして歩むことで、これからの新たな人生の意義を見つけられると確信したのだと。

ご先祖様に導かれて

「それにしても……大胆な決断ですね！」

私はあらためて、長崎の歴史と発展に深く関わる佐藤家の歩みとその意義に驚かされました。

もし末期がんになる前の佐藤氏であれば、このような考え方はされなかったことでしょう。例えば、孫の手ステッキの発明をしたことによって、多くの足の不自由な方が元気になり笑顔になれば、それは事業としても大成功です。事業者としては、それで十分満足ができるでしょう。

しかし、今の佐藤氏はそんな個人的な目標や喜びだけではない、何か大切なもの……つまり、「生きる意味」を見つけたいと強く願っていました。

そして彼は、それをご先祖様たちと同様に長崎の歴史や発展の中に見つけていたのです。

「でも、不思議なのですが、そうすることが自分にとって、とても自然な気がするんです。それに、洗礼を受けるためにどうすればいいかを知りたくて、たまたま足を運んだ近くの教会が、偶然にもイエズス会が運営している黙想の家という施設だったのです！」

イエズス会といえば、大村純忠公の時代に長崎を寄進されたゆかりの深いところです。

この黙想の家で佐藤氏が尋ねたところによれば、キリスト教の洗礼を受けるにはまず最寄りの教会で神父様による入門講座を受けながら、聖書や教会のことを学びつつ、実際に教会の御ミサにも参加するなどして、一年ほどかけて自らの心構えや準備をしていくことが必要になるとのことでした。

「なるほど……では、まず入門講座を受ける教会を決める必要があるわけですね」

「そうなんです。神父様に聞いてみたのですが、私の場合には通いやすさを考えて、事務所に近い大浦教会か、現在暮らしている実家の近くにある茂木教会を勧められました。どう思います？」

「そうですね……」

言いかけたその時、私はふと心に浮かんだ思いがありました。佐藤氏にとってクリスチャンになるということは、どのようなことを意味するのだろうか、と。

「普通に生きている大人が洗礼を受けるのは、恐らく心の悩みや生きる上での何かを求めて教会を訪れたからだろうと思います。そして神父様から色々とお導きをいただくのでしょう」

「そうでしょうね」

佐藤氏も頷きます。私は続けました。

「でも、佐藤さんの場合には、きっと洗礼を受けようという決意に至った経緯が、普通の人とはまったく異なるんじゃないでしょうか。何しろご自身のルーツを探し、ご先祖様に導かれて……今回のことは、長崎という歴史の町ならではの不思議な何かがあると思うのです」

そう。佐藤氏の決意は、自分自身の意思だけでない不思議な何かに導かれているように私には思えました。佐藤氏にとって洗礼を受けるということは、「クリスチャン」というよりは「キリシタン」になる、ということではないのだろうかと。

「なるほど……そうかもしれませんね！」

「もしそうだとしたら、洗礼を受けるために、ということもありますが、その不思議なお導きが何であるのかを求めるためにも入門講座は……もし可能であれば、やはり四五〇年以上前の大村純忠公にならい、イエズス会の神父様から受けることはできないでしょうか」

私の提案に、佐藤氏も心得たとばかりに応えます。

「まさに！　私もそう思います。そうか、だからこそ、今日も偶然訪ねてみた場所が、イエズス会の黙想の家だったのでしょうね！」

「本当ですね……やっぱりこれは何かの力に導かれているんですよ、きっと！」

「不思議ですねえ……本当に」

私たちは、どちらからともなく笑い出していました。

「そういえば、そのイエズス会の神父様にはなにかご相談されたんですか？」

「ええ、今日ここに至るまでのすべての出来事を聞いてもらいました。もちろん自分のルーツ探しから、大村純忠公の時代に関わるご先祖様のエピソードまで……」

「すごい！　神父様は何と？」

「やはりそれは何かに導かれているのかもしれませんね、と仰ってくださいましたよ！」

佐藤氏は嬉しそうに答えました。

それから、佐藤氏と二人で時間を忘れて様々なことを話しました。私もちょうど本の執筆中でしたので、これまでに集めた資料の整理や、新しい情報について打ち合わせました。大村純忠公のことやイエズス会の歴史、そして二十六聖人の殉教の道のりで重要な拠点となった佐藤氏の地元、東彼杵での逸話などなど。最初は杖の本を書いているはずだったのに、いつの間にか長崎の歴史におけるタイムトラベルを楽しんでいる気分です。

これは佐藤氏の思いに引き込まれていったのか、それとも私も不思議な何かに導かれていたのか……ただ間違いなく、このルーツ探しの旅で見つけたものこそが、佐藤氏の大切な思いであると確信していました。

ローマ教皇の辞任

こうして洗礼を決意した佐藤氏でしたが、その決意の後、私たちのまわりで不思議な導きともいえる出来事が次々と起きました。

一つ目の出来事は、洗礼についての電話があった数日後のことです。何気なくインターネットのニュースを見ていた私は、国際ニュースのトピックスの欄に出た記事を見て息を呑みました。

それは、カトリック教会の総本山であるローマ教皇ベネディクト十六世の辞任のニュースだったのです。

ローマ教皇ベネディクト十六世は当時八十五歳という高齢にもかかわらず、世界中のカトリック教会の指導者としての責務を果たしていましたが、やはり体調面に不安を覚えたことにより辞任に踏み切ったのだということでした。それまで終身制が定着していたローマ教皇の職において、今回のように生前かつ自らの意思による辞任というのは一四一五年以来、約六百年ぶりのことでした。

私はすぐに佐藤氏へ電話をかけました。ローマ教皇が退任されるということになれば、佐藤氏の洗礼式は新しい教皇のもとで行われることになります。

「そうでしたか……でも本当に大変なご苦労だったのでしょうね」

私と同じようにローマ教皇ベネディクト十六世の辞任に驚いていた佐藤氏でしたが、教皇の体をいたわるその言葉には、いつものようにお年寄りを慈しむ優しさがにじんでいました。

「もちろん、ありえないことですが、引退された教皇様にこそ私の杖を使ってこれからの生活を健康で元気に過ごしていただきたいですね」

「たしかに！　孫の手ステッキがあればきっと元気で過ごせますね。でもまあ、やっぱり難しいですよね……気軽にお贈りすることができるようなツテでもあればいいのですが……」

「何せあのローマ教皇様ですもんね……」

日本のただの一個人から、カトリックの頂点ともいうべきローマ教皇へ贈り物をする方法なんて、その時の私たちにはまったく思いつきもしませんでした。ただ、孫の手ステッキを使って笑顔になるローマ教皇を空想することしかできません。

「ところで、そうなると今度は新たな教皇様が選ばれることになるわけでしょうね」

「そうですね。昔、世界史の授業で習ったことがありますよ。確か『コンクラーベ』っていう選挙があるんでしたよね」

このコンクラーベというのは、「教皇選挙」を意味するラテン語で、カトリック教会においてローマ教皇を選出する選挙システムを指します。選挙は様々な外部の影響を受けないように鍵をかけた密室の中で行われ、その経過や結果は投票用紙を焼く時の煙の色で報告されるようになっているそうです。そして新教皇が決まれば、合図の白い煙と共に、サン・ピエトロ大聖堂の鐘を鳴らして告げられます。

このコンピューター全盛の現代においても続けられる伝統の儀式というのは、中々にドラマチックです。

「今度はどこの国の方が教皇様になるのでしょうね？」

佐藤氏も今やクリスチャンを志す者として、今回のニュースには強い関心があるようでした。ですがこの後、新たな教皇様の誕生を知るやいなや、私たちはさらなる驚きに包まれることになったのです。

二〇一三年三月十三日、同年二月二十八日のベネディクト十六世辞任を受け、その後継者を決めるために実施されたコンクラーベにおいて、アルゼンチン出身のベルゴリオ枢機卿が選出されました。そして同年三月十九日の正式な就任をもって第二六六代ローマ教皇フランシスコ様が誕生したのです。

それは史上初のアメリカ大陸出身のローマ教皇の誕生であるとともに、史上初のイエズス会出身の教皇の誕生でもあったのです。

あまりのタイミングに、私たちは驚きが隠せませんでした。こんな不思議なことがあるのでしょうか！

佐藤氏は自らのルーツ探しから大村藩の歴史を知り、当時の藩主・大村純忠公とイエズス会との深い関わり、そしてご先祖様の歩みに感銘を受け、佐藤家としては四五〇年以上の時を経て、洗礼を受けることを決意しました。すると、その決断からわずか数日後に突然、前教皇が辞任され、新たに就任した教皇がまさかの史上初イエズス会出身であるというのです。

もちろん、すべては単なる偶然なのかもしれません。しかしながら、洗礼を決断した佐藤氏にとってはたとえ偶然であろうとも、自らの選択に対する大きな励みとなったことは間違いありませんでした。

大木神父との出会い

さらに不思議な導きは続きます。

二つ目の出来事は、佐藤氏が洗礼を受けるための神父様を探している時のことでした。

私たちは、もし可能であればやはりイエズス会の神父様から入門講座を学ばせていただきたいと話し合っていましたが、そんな時、あるご縁と偶然が重なり素晴らしい出会いが実現したのです。

それが、大木章次郎神父様というイエズス会の神父様との出会いでした。

彼はわずか四年前まで、ネパールの現地において様々な文化発展の活動をしておられた神父様で、ご本人の「自分はネパールに骨をうずめる覚悟であった」という言葉が示す通り一九七七年から二〇〇九年まで、実に三十二年間活動をされていたそうです。これぞ、まさに宣教師という言葉にふさわしい生き様でしょう。

大木神父様がネパールに渡った一九七七年当時は、宣教活動どころか信教の自由が存在しない状況であり、その中で教育及び文化振興の名目で現地での活動を始めた大木神父様は、その後のネパール民主化の歴史を現地で共に歩みながら見守り続けたそうです。宣教活動が許されない中でしたので、時には嫌疑をかけられてあわや死刑という窮地に陥ったことさえあったといいます（大木神父様はネパールのポカラにおいて、その三十二年の宣教生活の間に、託児所、病院、学校などを設立されました。もしご興味のある方は『大木神父奮戦記』（小学館スクウェア）をぜひご覧になってください）。

そんな数々の苦難を乗り越えて、ついに訪れたネパールの民主化革命にともなってようやく認められた信教の自由。いよいよ本格的に宣教活動を！　と意気込んだ矢先に日本から帰国の辞令が届いたのでした。三十二年にも及ぶ膨大な時間をネパールで過ごし、やっと宣教師としての本分を尽くすことができると思っていたにも関わらず帰国の途についた大木神父様の胸中は、いかばかりであったことでしょう。

こうして第二の故郷とも言えるネパールへの思いを胸に日本に帰ってきた大木神父様の新たな赴任地となったのが、この長崎県でした。

そんな大木神父様と佐藤氏の初めての出会いのことは、今でもよく覚えています。二〇一三年四月の終わり頃でした。佐藤氏と私は長崎市内にあるイエズス会の修道院を訪れていました。そこに大木神父様がいらっしゃる、ということだったので、事前に会っていただけるようにお願いをしていたのです。

大木神父様は当時すでに八十七歳というご高齢にもかかわらず、すらりと伸びた背筋が美しい、とてもご老人とは思えない凛とした佇まいでした。初対面にも関わらず、私たちをニコニコと出迎えてくださり、挨拶を交わすとすぐに談話室に案内してくださいました。

それから、私たちはあらためて来訪の目的を説明しました。まず簡単に佐藤氏に起きたここ数年の出来事を振り返り、杖の発明をしたことや、そのきっかけとなった様々な出来事から自らの人生の意味を考えるようになりルーツ探しを始めたこと、そして何か不思議な力に導かれるように、ご先祖様の歩みを見つけていく中で、特に四五〇年以上前に起きた長崎の歴史や純忠公とイエズス会の関わりの中に人生の意味を知る大きな何かがあると確信し、あらためてクリスチャンとして洗礼を受ける決心をしたことを伝えました。

かなりの長話になってしまいましたが、大木神父様は嫌な顔一つされず、終始興味深そうに、時おり深く頷いたりほほ笑んだりしながら私たちの話を聞いてくださいました。

そして、最後に佐藤氏が神父様にこう尋ねたのです。

「神父様……こんなふうに自分が考えるようになった、というのは変なことでしょうか？」

すると、それまで黙って話を聞いておられた大木神父様は、佐藤氏を見てこう言われました。

「病気になったこと、奇跡の回復をしたこと、杖を発明したこと、ご先祖様たちの素晴らしい歩みを知ったこと……すべてに必ず意味があると思います」

「では、私からもお尋ねします。もしこれらのことに意味があり、それゆえに洗礼を受けることを決意したからには、できましたらその入門講座もイエズス会の神父様にお願いしたいのですが……そのようなことは可能でしょうか？」

私は佐藤氏と大木神父様を交互に見ながら尋ねました。

後に聞いた話ですが、佐藤氏もこの時すでに、ぜひとも大木神父様に教えを請いたい、という気持ちになっていたそうです。しかしながら、初対面でもある大木神父様にそのようなことを頼んでいいものか、その他のご都合もあるだろうから……と踏み出せずにいました。

けれど、そんな心配をする間もなく、神父様は嬉しそうに、にこりと微笑んで頷いてくださいました。そして一瞬、何かを思い出すように真剣な眼差しを向けるとこう話されたのです。

「ご存知かもしれませんが、私は三十二年間ネパールに滞在していました。そして命のある限りネパールで宣教を行い、骨を埋める覚悟でいました。ところが数年前に日本に戻るように言われ私は帰国することになったのです」

はっきりと言葉にはされませんでしたが、その響きにはやや無念さがにじんでいるように感じました。

「日本に帰って来てから、私はずっと考え続けていました。なぜ、三十年以上の時を経てようやく信教の自由が認められたネパールではなく、この国に戻ってきたのだろう。そしてなぜ、ここ長崎にいるのだろう。ネパールから敢えて戻ってきたことに、一体どんな役割や意味があるのだろうか、と……」

後から話を伺って知ったことですが、大木神父様は十九歳の時、太平洋戦争の中で海軍に所属していたそうです。そしてお国のために命を捧げる覚悟を固め、特攻隊の一員として山口県で訓練を重ねていたときに、一九四五年八月十五日の終戦を迎えました。こうして大木青年は、戦争で散らすことのなかった命と、生涯を神父として捧げる決意をし、翌年イエズス会に入り修道士となったのです。その後、イエズス会士として歩んでいた大木神父様は一九七七年にネパールへと派遣され、そこから三十年以上に及ぶネパールでの奮闘が始まるのです。大木神父様の人生もまた、佐藤氏と同様に自らの生きる意味を探す旅だったのかもしれません。

「そんな時、佐藤さんが私の前に現れました。そしてあなたの話を伺い、ふとこう思ったのです。もしかすると私は、このために日本に戻り、この長崎の地で佐藤さんに出会うようになっていたのかもしれないと……」

大木神父様は一言一言、言葉の意味を確かめるようにはっきりと言われました。それは佐藤氏が感じるものと同じ、まさしく不思議な導きでした。

「では、神父様が私に……!!」

「はい、喜んで！　それはきっと佐藤さんにとっても、ここが長崎であることにも何か特別な意味があるのでしょう」

そして大木神父様と佐藤氏はしっかりと握手を交わしました。

それは佐藤氏のルーツ探しの旅に、また一つ新しい意味が加わった瞬間でもありました。四五〇年以上の時を経て、当時のキリシタンと同様に、佐藤氏はイエズス会の宣教師によって洗礼を受けることになったのです。

とっておきの恩返し

こうして佐藤氏はイエズス会宣教師である大木神父様によって洗礼のための入門講座を受けることになりました。もちろんキリスト教のことなどほとんど知らなかった佐藤氏にとって、聖書の教えや毎週行われる教会での御ミサの参加はすべて新鮮なことばかりでした。大木神父様の知性とユーモアにあふれた問答により、すぐに教会は佐藤氏の週に一度の楽しみとなりました。教会の聖堂内に漂う厳かな雰囲気に心を癒され、御ミサではたくさんの信者の方々と仲良くなり、また毎週、入門講座のために修道院を訪れていたため、いつの間にか大木神父様だけでなく、他の神父様や修道士様たちともすっかり仲良くなっていたそうです。

佐藤氏は私への電話で、そうした様子や心や気持ちの変化などを楽しそうに話してくれました。特に大木神父様に対しては亡き父の面影に通じる何かがあると感じ、心の父として敬愛を深めていたようでした。そして嬉しいことに、大木神父様も佐藤氏の求める人生の意味に何か感じるものがあったようで、まるで本当の父と子のように、佐藤氏との時間を大切に考えてくださっていたそうです。佐藤氏も日々の悩みや疑問があると週に一度の問答で大木神父様へ相談し、それを導いてもらえることが喜びになっていきました。佐藤氏にとってはこの入門講座の約一年間はとても充実したひと時だったに違いありません。

そんな日々の中で佐藤氏がよく口にしていたのは、

「そんな喜びを自分にくださった大木神父様や他の修道院の皆さまに何かご恩返しをしたい！　それも何か自分らしいやり方、真心が伝わる何かで」

ということでした。

そして佐藤氏は、ついにとっておきの方法を思いつき、それを実行することにしたのです。

ある日、修道院を訪れた佐藤氏は、大木神父様や他の神父様や修道士様の前でこう告げました。

「実は自分はかつて料理人として生きていました。もしご迷惑でなければ、皆さまに日頃のお礼の気持ちとしてお料理を作って差し上げたいのですが、何かリクエストはありませんか？」と。

　これこそまさにとっておき、佐藤氏ならではの恩返しの方法でした。かつて長崎で十数店舗のレストランを経営し、シェフとして長らく料理の腕をふるってきた佐藤氏にとって、料理は言葉よりも遥かに雄弁な感謝の証でした。

　神父様たちはその提案に、たいそう喜びました。そして、アルゼンチン出身であるレンゾ神父様が、ずっと故郷に帰っていないので、郷土の料理が懐かしいのだ、という話をしたことから、佐藤氏はアルゼンチンの郷土料理を作ることにしたのだそうです。

「自分は料理人で本当に良かった。久しぶりに幸せなひと時でしたよ！」

　その夜、電話で修道院での今日のサプライズの様子を話した佐藤氏の声は喜びに満ちあふれていました。

　久しぶりに故郷の料理を口にすることができたアルゼンチン出身のレンゾ神父様をはじめ、美味しい料理に舌鼓を打つ皆さま。かつてのように自分の料理を食べて笑顔と喜びがあふれるテーブルの光景を、佐藤氏は久しぶりに見ることができたのだと言います。

このような時に私はいつも、佐藤氏のアイデアや行動には、必ずその相手に対する深い観察力があるように思うのです。その人が一番喜んだり、笑顔になったり、元気になるにはどうすれば良いか。佐藤氏はいつもそんなことを考えて生きているのではないだろうかと思うことがあります。

杖の発明はもちろん、今回のお料理でのもてなしにしても、そのような佐藤氏ならではのアイデアや思いが根底にあるのだと。

「皆さんに喜んでいただけて本当に良かったですね！　でも、一度そんな特技を見せてしまうとこれからが大変になるんじゃないですか？」

「そうなんだよね……実はすでに、今度またお願いしますね、なんて言われてね」

労をねぎらいつつ私が冗談めかして言えば、佐藤氏は嬉しいような困ったような、そんな口調で笑いました。でも、かつて料理人として活躍されていた身からすれば、きっと嬉しい気持ちが強かったことでしょう。

こうして、その日のことを楽しく笑いながら話していた私たちでしたが、実はこれにはちょっとした後日談があります。

それはクリスマスも近いある日のことでした。佐藤氏は修道院の神父様から「今度ささやかなお祝いの会を催すので、もしよかったら料理をまたお願いしたいのですが……」と頼まれたのです。もちろん、佐藤氏としてはそれを断る理由はありません。「大丈夫ですよ！」と二つ返事で引き受けた佐藤氏でしたが、詳しい話を聞いてビックリ。何と二〇〇人近いお客様を迎えるお祝いの会だというではありませんか。佐藤氏がいくらかつてシェフだったとはいえ、もう現役ではありませんし、今は杖を作る職人です。これは正直にいって断ってもよい話だと思いました。

しかし、佐藤氏はやり遂げたのです。お祝いのメニューの考案から、食材の買い付けまでをすべて一人でこなし、無事に全員分の料理を作り上げてお祝いの席にふるまったのでした。

「こうなるともう意地だね、かつての料理人としての！」

後日、当時をそう振り返った佐藤氏の笑顔には、大変な仕事をやりとげた満足感があふれていました。

まごころが繋いだ奇跡

そんな佐藤氏の思いが天に届いたのでしょうか。三つ目の不思議な導きが起きたのです。

それは、佐藤氏が日頃の感謝の気持ちにと修道院の皆さまに料理をふるまってから、しばらく経っての出来事でした。

ちょうど先の取材で執筆した前著『孫の手ステッキは神様からの贈り物』が出版された頃であったこともあり、その日かかってきた佐藤氏からのお電話に、私は出版のことについてだろうかなどと考えながら通話ボタンを押しました。

「お久しぶりです、お元気ですか?」

いつものように声をかけた私は、電話の向こう側にいつになく緊張感のある、異様な雰囲気が漂っていることに気づきました。佐藤氏の口調にも、明らかな緊張が感じられたのです。

「……実は、すごいことが実現しそうです」

「いったい何があったのですか?」

動揺と興奮と喜びが混じった複雑な声で告げられた言葉に、私は静かに先を促します。ただ、彼の言わんとすることが、悪い話ではないことはなんとなく感じられました。

「それが……ほら、私が以前に修道院の皆さまに料理をふるまったことがあったでしょう?」

「はい、確かアルゼンチン出身の神父様のために郷土の料理をふるまったという」

「そう。その、レンゾ神父様があの孫の手ステッキの本を読んでくださってね。私の生きざまや、今、杖の事業をしていることを知って、よかったらローマ教皇様にその杖を贈ったらどうですか?　って言ってくださったんですよ」

佐藤氏の言葉に、私は飛び上がりそうなほど

レンゾ神父様（中央）と佐藤氏（右側）

驚きました。そんな話を聞いて冷静でいられるはずがありません。まさか、あのローマ教皇様に杖を贈るなどということが本当に実現するかもしれないなんて！　夢にも思いませんでした。

それからあらためて佐藤氏から詳しい顛末を伺いました。

アルゼンチン出身のレンゾ神父様は、かつて教皇フランシスコ様が故郷のアルゼンチンで神父様として活動をしていた頃からの旧知の仲で、教皇となった今でも交流があるのだそうですが、そのレンゾ神父様が、以前の佐藤氏のもてなしに感激すると共に、私の著書『孫の手ステッキは神様からの贈り物』を読まれて、そこに書かれていた佐藤氏の生き様や、洗礼を受けようと決意するに至った経緯を知り、そんな佐藤氏が杖を生涯の事業としているのであれば、その魂とも言える孫の手ステッキを教皇様に贈ることには何か意味があるのではないか、と考えてくださったとのことでした。

「本当に、これもまたすごい奇跡だよね……」

誰がこの長崎に、ローマ教皇と交流のある神父様がいらっしゃると思うでしょうか。

また、あのとき佐藤氏が日頃の感謝として料理をふるまおうなんて考えつかなかったら。神父様の希望を聞かずにアルゼンチン料理ではない料理をふるまっていたら。このような奇跡のような機会はなかったかもしれません。

「単なる偶然と言える話ではありませんね、これは！」

私は思わず興奮して、声が大きくなりました。これは何らかの導き、大いなる力が働いているに違いありません。

「そこでね、レンゾ神父様から杖を贈る際に何かメッセージを付けた方がよいでしょう、と言われまして……もしよろしければ、私の思いをその手紙に書いていただきたいのです」

「えっ、私が書いてもいいのですか？　あ、でも私は日本語でしか書けませんが……」

ローマ教皇様へのお手紙を私が書くことになる!?　突然の展開に今度は私が動揺する番です。

「ええ、日本語で手紙を書いてもらえば、それをレンゾ神父様がアルゼンチン語へ翻訳してくださるそうなので大丈夫です」

「なるほど……」

こうしてあの「孫の手ステッキ」がローマ教皇フランシスコ様に贈られることとなり、そして、私がその手紙の本文を書くことになりました。もちろん、作家としてこのような機会に巡り合えたことは光栄としか言いようがありません。

　私はその手紙を書くにあたって佐藤氏との出会いから現在に至るまでを振り返りました。彼の生い立ち、病気、闘病、杖誕生の物語、そしてそれらを支えた亡き父親の言葉やご先祖様の歩みについて記し、そしてこれらは長崎というキリスト教にとっても特別な地だからこそ起きたことであるとして、佐藤氏の現在の歩みと洗礼を決意した顛末についても手紙にまとめました。

　その間、佐藤氏は教皇様に献上するための特別な一本を作るための準備にかかりました。ベースはもちろん孫の手ステッ

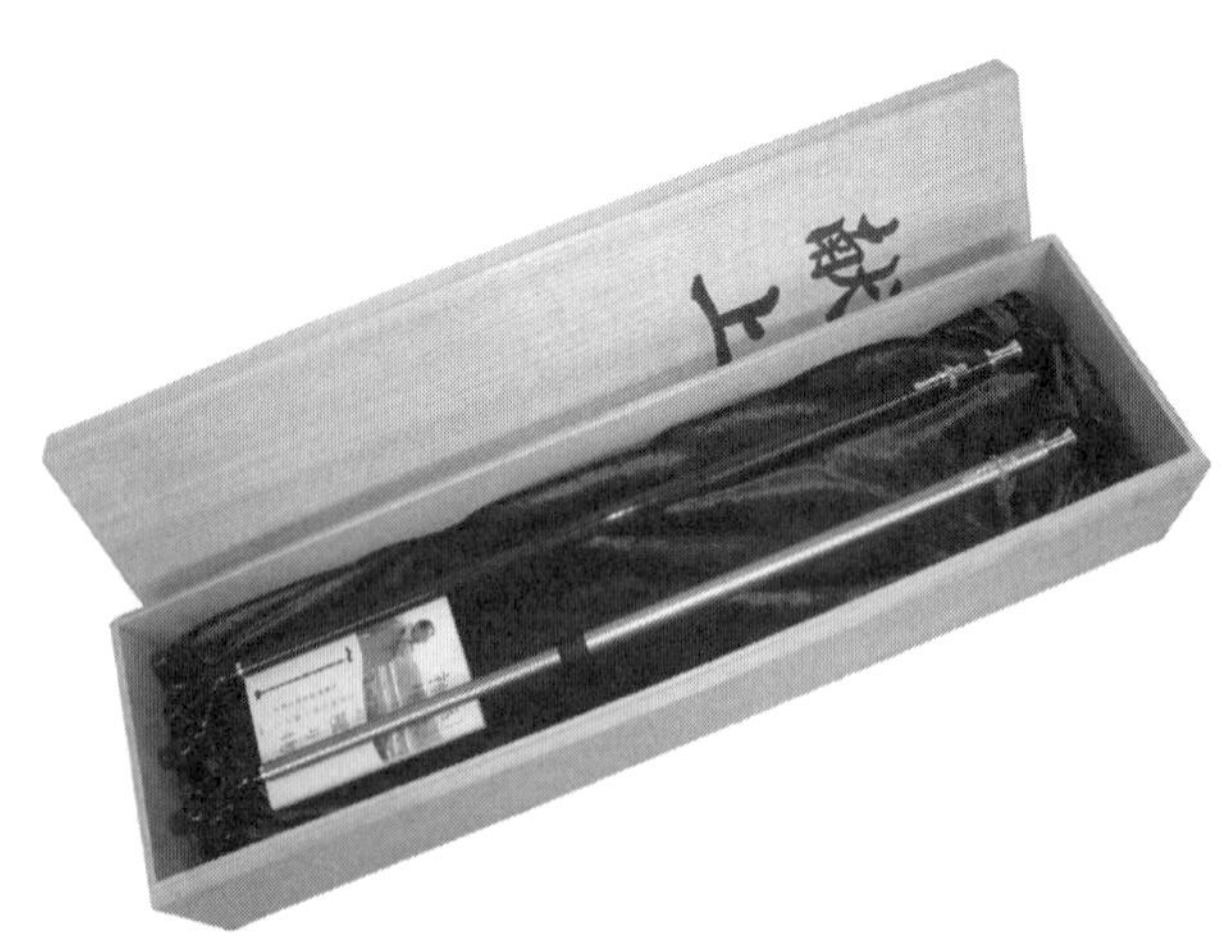

献上した孫の手ステッキ

キですが、やはりローマ教皇様に贈る杖ですので、佐藤氏なりのアイデアにより銀製の十字架を杖につけるなど、デザイン面でも随所にこだわりを取り入れました。何より、教皇様は日本人とは体格がまったく異なりますから、杖の仕様も海外の方の身体に対応したものにする必要があったのです。

こうして教皇様に贈る特別な杖と、それに同封するアルゼンチン語に翻訳されたメッセージと、すべての準備が整った二〇一三年十二月に、ついにローマ教皇フランシスコ様への「孫の手ステッキ」献上が実現したのでした。

最良の選択

その後、レンゾ神父様から、献上品が間違いなくバチカンに届けられ教皇様に献上されたという報告をいただきました。

この「孫の手ステッキ」がローマ教皇様へ献上されたからといって、私たちはなにか見返りを期待していたわけではありません。ただ確かな事実として、あのローマ教皇様に杖を献上することができたのだ、ということがあれば十分だったのです。

そして、佐藤氏にとってこの事実は非常に大きなものでした。なぜなら、この杖の献上が佐藤氏が何か特別なことを成そうとしていたわけではなく、ただ人生における選択の延長にあって実現したことだったからです。そして何よりも嬉しかったのは、不思議な何かに導かれて選択したことが新たな何かを生み出し、生きる意味となって一つひとつ確かな形となっていっていると佐藤氏にも感じられたことでした。

私は取材を通じて、そんな佐藤氏の人生の様々な選択を傍で見守り、時にはその理由を探す旅に付き合いながら、彼の新たな選択とそれがもたらした結果を分かち合ってきました。

だからこそ私はこう思います。

たしかに歴史上における人々の選択に対する善し悪しや評価は、その結果を知る後世の人間に委ねるしかありません。例えば、大村純忠公によるイエズス会への寄進という選択がその後さまざまな影響を与え、結果として現在の長崎の姿につながっているように。だから、佐藤氏が現代において「キリシタン」となることを決意したことに対する評価も、同様に後世の人々に委ねるしかないのでしょう。

ただ、佐藤氏個人にとってこれら人生における選択の結果が、喜びと希望をもたらしてくれているものであることは紛れもない事実です。だから、佐藤氏がその生涯を通して、亡き父が残した言葉の通り「もっと多くの人に喜んで貰える何かをなしたい！」と願う限り、彼の選択は意義あることとして、一つひとつ新しい何かが人生の意味として加わっていくのではないかと思っています。

不思議な導き

こうして三つの不思議な導きを経ながら、孫の手ステッキはローマ教皇へ献上されました。すべての出来事に意味があり、その一つひとつが繋がってあの大きな奇跡が起こったのです。

佐藤氏はその後も変わることなく週に一度の講座に通い、大木神父様という心の父親に導かれながら、洗礼の準備を整えました。そして、キリスト教信者ではなくとも誰もが一度は耳にしたことがある「イースター」と呼ばれる復活祭の前日に行われる「復活徹夜祭」において、佐藤氏は洗礼を受けることになったのです。

復活徹夜祭というのは、土曜日の晩から始まる、徹夜をもって主の復活を祝う典礼で、古代教会の時代から広く実践されていたそうです。そして、この徹夜祭のミサで洗礼式が行われます。洗礼はキリストの死と復活にあずかる秘跡であり、この復活徹夜祭こそ、キリストの死と復活を祝うに最もふさわしい日と言われているからだそうです。

それが、あの奇跡の一日となった、二〇一四年四月十九日でした。

「それにしても、本当にあっという間の一年間でしたね」

ローマ教皇へ孫の手ステッキの献上に至るまでの不思議な出来事を思い起こしながら、私は空を仰いで呟きました。その手には、献上した杖の返礼として届いたローマ教皇からの手紙がありました。

「たしかに……色々なことがありましたね。そのすべてが一つになって今日の奇跡に繋がったのですね」

感慨深く呟く佐藤氏の手には、フランシスコ教皇様のカードがしっかりと握られていました。

「でも、考えてみますと、もし今日のうちに杖を取りにわざわざ戻らなければ、今ここにある奇跡は起きていなかったってことですよね」

「本当ですね……もし戻っていなければ、恐らくこの封筒に気づくのは月曜日のことだったし、先に社員がポストを開けてしまって、私が最初に手にすることもなかったかもしれない。そもそも、この感動を二人で味わうこともなかったってことですもんね」

これは奇跡なのか、それともやはり偶然なのか……それは佐藤氏にも分かりません。ただ、どうしても今日杖を持っていこう、と考えた選択にやはり何らかの意味を感じていたに違いありません。

そんな奇跡と感動の余韻に二人で思いをはせていると、不意に佐藤氏が「あっ」、と声をあげました。

「そうだ！　洗礼式！」

その言葉に、私も我に返って慌てました。そうです、あまり長居をしている場合ではなかったのです。

「おお、大変だ！　急がないと……」

「急ぎましょう!!」

私たちは興奮冷めやらぬままに車に乗り込み、急いで洗礼式が行われる中町教会へと踵(きびす)を返したのでした。

⑥東彼杵町キリシタン墓碑

この碑は、現在地より西の方に約 30 メートル離れた薮の中にあったのを、キリシタン禁教がとかれた後、現在地に改葬されたと伝えられている。
長崎県内に残る百余墓のキリシタン墓碑の大部分は無紋無銘で、花十字・年号・氏名を有する墓碑は数少なく、キリシタン資料として重要な価値がある。

住所：〒 859-3923　長崎県東彼杵郡東彼杵町瀬戸郷 荘屋公園内

アクセス：
JR 千綿駅から徒歩 10 分

⑤大浦天主堂

西坂の丘で殉教した26聖人に捧げるため、フランス人プティジャン神父の協力を得て、ジラール、フェーレ両神父の設計によって建てられた教会で、正式名称は「日本二十六聖殉教者天主堂」。日本最古の木造ゴシック様式の教会で国宝に指定されている。

住所：〒850-0931　長崎県長崎市南山手町5-3

アクセス：
JR長崎駅前から路面電車利用20分、大浦天主堂下下車、徒歩5分

第4章　「天使の杖」の誕生

再会

「久しぶりに会って色々とお話ししましょう！」

あの奇跡に満ちた洗礼式の日から二年近く。

最高の杖が完成した、というお電話を佐藤氏からいただいたすぐ後に、私の地元、北九州市でおよそ一年ぶりの再会を果たしたのは、二〇一六年一月のことです。

久しぶりにお会いした佐藤氏はいつもと変わらない笑顔を見せてくれ、しっかりと握手を交わしました。

「お久しぶりです！　お元気でしたか？」

「はい、お陰さまで……ただ病気の方は、どうしても喉にまだ違和感があるので、定期的に病院で検査を受けていますけど大丈夫です！」

佐藤氏はいつも通り少しトーンを押さえた柔らかい口調でそう言うと、喉の右側に手を当てるしぐさをしました。

今でこそ話せることですが、先に出版した『孫の手ステッキは神様からの贈り物』の表紙には、佐藤氏がかつて経営していたレストランがあった稲佐山の展望台で少し照れたように微笑み、左腕を首に当てるしぐさをしている写真が使われています。それは当時の思い出を語りながら佐藤氏がよく自然にとっていたポーズで、その表情もなかなか好評だったのですが、実はあのしぐさこそ、再発したがんによる違和感からくる、無意識の動作だったのだそうです。その後、佐藤氏は再発したがんのために再び手術を行っています。

「それにしても、あれからもう十年以上になるのですね……」

「奇跡でしょうね……あれだけ手術を重ねて、でもまだ生きているんだもんね」

あれから、とは、佐藤氏が最初に末期がんの宣告を受けたときのことです。思えば最初の宣告から、実に十年以上の時が流れていました。その間、佐藤氏は再発と手術を繰り返しながらも、今もこうして元気に生きているのです。

一般的に咽頭がんは再発や転移の恐れだけでなく、食道・胃などの周辺組織にも発生するリスクが多いがんで、予後が悪い傾向にあります。佐藤氏も咽頭がんだけでなく、食道がんも患い手術をした経験があります。そんな佐藤氏は、いつも手術を受ける前には家族や親しい友に挨拶を交わし、そして無事に退院出来た時は友人たちから再会と生還の祝福を受けていたそうです。

しかしながら、佐藤氏にとってがんは、すでに自らの人生の意味を見つけるために必要な一部でもありました。もはやがんは忌むべき存在ではなく、その存在を受け入れて「生かされることの喜び」を確認するための存在でもあると考えるようになっていました。十年の間、佐藤氏がその命を失うことなく歩むことができたのも、そんな心の持ちようにあったのかもしれません。

とにもかくにも、互いの無事を喜び、旧交を温めつつ再会を果たした私たちですが、佐藤氏はすぐに車のトランクルームの方に向かうと、中から一本の杖を取りだしました。

それは一目見ただけで、今までとまったく異なる杖だとわかりました。

そう、これこそがあの天使の杖だったのです。

天使の杖

「軽い！」

その杖を最初に手にした瞬間、驚いたのがその軽さでした。

佐藤氏に尋ねると、前作のアシスト多点杖に比べて天使の杖はさらに五〇ｇほど軽く、重量はわずか約四九〇ｇだということ。その軽量化を実現した理由は杖先ゴムにありました。ここ数年、杖先の改良と進化のための研究に明け暮れていた佐藤氏ですが、その結果、アシスト多点杖とはまったく異なる形状の杖先ゴムを新たに開発したことで、さらなる軽量化を実現させることができたということです。

「軽さも大切ですが、それによってバランスや安定感を失ったり、力をかけるポイントがずれたのでは意味がありませんから」

驚いた私の反応を楽しみながら、佐藤氏は新しい杖の仕組みを補足してくれました。その表情は発明家としての限りない情熱に生き生きと輝いています。

佐藤氏にとって杖が自立することは当然のこと。さらに、杖を使っていても疲れない、歩くことが楽しくなる、そんな佐藤氏が目指している杖に近づけるための工夫が随所に施されていました。

「ちょっと突いてみてもいいですか？」

「ええ、どうぞ！」

すぐに、私はこの新しい杖を突いて一歩足を踏み出してみました。すると……

「あ、進む!?」

最初は杖の軽さに驚かされましたが、今度は歩行するための推進力の強さに驚かされました。杖を突いた瞬間、その力がそのまま前に進む力に変わっているのです。つまり、この杖にわずかな体重を預けるだけで、まるで自然に身体が前に進んでいくようです。

「面白い!! 身体が勝手に進んでいきますよ！」

初体験の心地よさに私は人目も忘れて声を上げ、前へ前へと歩みを進めました。そんな私を佐藤氏はニコニコと眺めています。少し先に行くとスロープで緩やかな傾斜になっていましたが、天使の杖は多少の角度などものともせず、むしろ力強く上がっていきます。もしもこの杖が二本あれば、トレッキングや本格的な登山でも大きな支えになるかもしれません。

これまでにも孫の手ステッキやアシスト多点杖など、佐藤氏の発明した杖を試させてもらったことは何度もありましたが、これまでとは、そもそもの役割が違うような気がしました。

ふと気がつくと、あっという間に佐藤氏の姿が遠くなっていました。我に返った私は慌てて来た道を戻ります。もちろん、杖を突きながらさらに早足で。

佐藤氏は、天使の杖の性能に子供のようにはしゃいでいる私の姿を見て、楽しんでいるようでした。

推進力の秘密

「この杖、今までとはたしかに何かが違いますよね！　ゴムの形状はもちろんですが……」

「そうです。天使の杖はこの新しい吸盤状のゴムの形こそがポイントですが、すごいのはそれだけじゃないんです」

そう言うと佐藤氏は私から受け取った杖をひっくり返すと、杖先を私の目の前に示しました。

「今回の天使の杖にはもう一つ大切なことがあるんです。何か気がつきませんか？」

佐藤氏はいたずらっ子のような、茶目っけたっぷりの表情で私に尋ねます。

「他に気がつくことがあるとすれば……ん？　こうして見るとゴムの色が違いますね！」

使っている時には単なるカラーデザインのように見えていたそれは、よく見れば六本に分かれた杖先のゴムが二種類の色で分けられていることによるものでした。

「そうです、この色の違うゴムに大きな意味があるのです！　この二つのゴムはそれぞれ硬さが違うんですよ。そして、六本の杖先に取りつけられた硬さの違う二種類のゴムの配置が重要で、これによって杖先が人間の足の裏と同じような機能を持つようになったわけです！」

佐藤氏は実際に二種類の杖先ゴムをぐいぐいと触って、明らかに異なる硬さの違いを見せてくれました。触ってみると、たしかに硬さが違います。

「例えば、この三つの杖先ゴムは、それぞれ人間の足で言えば、かかと部分とつま先部分にあたります」

「そうか！　だから杖を突くことでまるで足が三本になったように簡単に前に進んだんですね！」

私は先ほど、勢いよく前進した理由を理解しました。足が三本になったことで歩く負担が軽くなるだけでなく、当然ながら前に進む力も増したわけです。

「それにしても、すごい発明ですね。以前の多点杖もすごかったですが、この杖はそれ

天使の杖の杖先ゴム

を超えていますよ！」

「そうです。ですからアシスト多点杖を超える多点杖というイメージで、アシストスーパー多点杖と開発中はそう呼んでいました」

「たしかに……これこそ多点杖を超えた多点杖ですよね！」

まさに先ほど、その手ごたえを自分の身でしっかりと実感していた私は大きく頷きました。

それを見た佐藤氏は嬉しそうにこう続けます。

「さっきはとっても嬉しかったんですよ。この杖を突いて嬉しそうに歩きまわっていたでしょう？」

「それが、ちょっと力をかけただけで、杖が勝手に前に進めてくれる感じで……気がつけばあっという間にあっちまで行っていました」

興奮気味に話す私の顔を見つめながら佐藤氏は言いました。

「ふふ、私はね……その顔が見たかったのです！」

満面の笑みをたたえた、それはまさに発明家・佐藤伸也氏の顔です。

私も思わず笑顔になりながら、ふと大切なことを思い出しました。

「そうだ！　この杖、正式には何と命名されたのですか？」

アシストスーパー多点杖が開発中の名前ならば、この杖には正式な名前があるはずです。多点杖を超えた多点杖……一体どんな名前になったのかと、私の期待は膨らみます。

すると一転、満面の笑顔だった佐藤氏の表情がきりりと引き締まりました。それは、佐藤氏が大切な決意を固めた時のお顔でした。

「この新しい杖は『天使の杖』と名付けました」

佐藤氏はそう言うと、意味ありげな表情で私を見つめます。

「天使の杖……ですか？」

思わず佐藤氏を見つめ返した私は、そこに間違いなく大きな意味やエピソードが込められていることを感じ取りました。

こうして佐藤氏の口から、この天使の杖誕生と共に生まれた、彼の新たな決意が語られようとしていました。

祝杯

その夜、私たちは再会を祝い久しぶりの酒を酌み交わしました。

「再会に！」

「新しい杖、天使の杖の誕生に！」

「乾杯!!」

私たちは杯を傾けました。

佐藤氏も私も共に酒が大好きで、初めての取材期間中に交わした酒は、いったいどれくらいの量だったのか覚えていないほどでした。その時は博多のある料理屋さんの一部屋を借りて始めた聞き取り取材でしたが、お互いに酒が大好きであることが分かってからは、話を酒の肴に時間を忘れて呑み続け、取材以上に大いに語り合いました。もちろん、あまり健康にいいとは言えません。けれども、その時二人でとことん呑み、互いの心を裸にして語り合えたことが、今日まで続くご縁になった理由の一つだと思っています。

しかし、久しぶりに酌み交わした酒の席で一つ変わっていたのは、佐藤氏の酒の呑み方でした。佐藤氏は私と同じで、基本的にどんな種類の酒でも大好きなのですが、いつもは喉の負担にならないようにアルコール度数の低い日本酒を呑んでいます。ただ、この日は以前と違って、ゆっくりと少しずつ嗜むように口に運んでいたのです。

すぐに私の視線に気がついた佐藤氏は、ちょっと照れ臭そうに笑いました。

「あ！　実はね、お酒は美味しいんだけど、やっぱり喉にはあまりよくないからね……最近は少し控え目に呑んでいるんですよ」

「いや、いいことですよ。私だってこれから先もずっと一緒に、美味しい酒を酌み交わしたいですからね、ほどほどが一番です！」

酒好き同士ですから、本当は量も楽しみたいに違いありません。でも、咽頭がんであったからには、いくら大好きでもアルコールの過度の摂取はやはり控えるべきでしょう。佐藤氏の言葉はもっともでした。

これからは大好きな酒をほどよく楽しむことで、健康や喜びを大切にしていく……佐藤氏がこのように決意できるのも、これからの人生に大きな希望や意味を見出したからに違いありません。

やがて、アルコールの酔いも手伝って、私たちは上機嫌で語り合いました。

その中でも盛り上がったのは、やはり天使の杖の誕生秘話でした。私は佐藤氏の杖開発についての話を聞くたびに、佐藤氏は何よりもまず「発明家」なのだと確信させられます。発明に対する情熱、完成間近のワクワク感、そしてやはりいちばん面白いのは、それを「最初にひらめいた瞬間」のエピソードです。

ひらめきの原点

「それにしても……どうしてあの形状を思いつかれたのですか?」

何杯目かの盃を傾けながら、私はふと肝心なことを思い出してそう尋ねました。孫の手ステッキにしても、アシスト多点杖にしても、とても優れた自立杖だと思います。それにもかかわらず、この天使の杖は、この二つの杖の特徴をしっかりと受け継ぎつつも、さらなる独自の形状でまったく新しい杖として誕生したのです。

「それが……」

佐藤氏は何かを思い出したように笑みを浮かべました。

「多点杖を見ていて、この杖をどうすればさらに進化した杖にできるだろう、とずっと考えていたんです。すると、ふと一点杖のゴム先を手にした時に、ひらめいたんです。そうだ、このゴム先を多点杖の杖先の六か所全部に着けたら、どんな感じになるんだろう、とね」

佐藤氏はウインクしました。

「ああ、なるほど！」

私は従来のアシスト多点杖と、今回の天使の杖の杖先を思い出し、すぐに佐藤氏の言わんとすることを理解しました。

「多点杖の六つの足に通常の一点杖のゴムを被せたら、安定感は抜群になりますよね！」

「でしょう？　私もこれだって思って、早速試してみたのです！」

「それで、やっぱりイメージどおりでしたか？」

私はわくわくしながら尋ねました。

「ええ！　たしかに安定感は相当なものになりましたよ！　でもね、たしかに安定感は増したけれど、それだけではだめなんです！　安定感だけで言えば、孫の手ステッキがあります。大切なことは多点杖よりさらに優れた安定感と、前に進む力、つまり推進力なのです。多点杖を超える杖を作るということは、より足の不自由な方が使うことを考えなくてはいけません。実際に杖を突くことで楽に歩行ができるようになり、杖を突く人が元気になっていってほしいのです！」

佐藤氏の考えはとてもシンプルなものでした。孫の手ステッキも多点杖もそれぞれに際立った特徴があり、どちらが優れているかではなく、杖を必要としている方の年齢、体力、身体の筋力などによって、自分にぴったりのものを選んでほしいと考えていました。

ですので天使の杖においては、さらなる高度な歩行補助が必要な方にとって、最高のアシストをしてくれる自立機能を備えていることが重要だったのです。

「本当にすごいこだわりですね……」

「なぜそこまでこだわる必要があったのかといえば……実は私には、今も忘れられない光景があるのです」

こう呟くと、佐藤氏は沈痛な面持ちで述懐しました。

佐藤氏が今も忘れることができない光景、それは二〇一一年の東日本大震災による痛ましい現実でした。

筆舌に尽くし難い惨状の中で佐藤氏が最も胸を痛めていたのが、被災地での高齢者や足の不自由な方々の様子です。

「かつて私が開発した孫の手ステッキも、もちろん自立する杖でしたが、どちらかといえば屋内で役立ててくださっている人が多いようです。でも、あの東日本大震災の時からずっと思い続けていたのは、屋外でもより安定して使える、より高い歩行補助の機能を備えた杖があれば、ということです。そうすれば、万が一の時にも必ずお役に立てるに違いないと……」

　佐藤氏はあの震災の日以来、特に屋外において、より実用的な機能を備えた杖の必要性を感じ、無意識のうちに新しい機能としてイメージを高めていたのでした。

「たしかに、この天使の杖なら屋外でも大丈夫だし、むしろ屋外で使いたいですね。でも屋外となれば道も平らなところばかりとは限りませんからね」

　佐藤氏の思いに頷きながら、私も先ほどの歩行体験を思い出していました。

「その通りです。自立することも大切ですが、屋外において求められる重要なことは、どんな角度から突いてもスムーズに安定を保ち、前に進むことができる歩行補助の機能なのです。今回の開発では、このことを何よりも重視しました」

第三の足を目指して

「そこまで考えられての改良研究だったのですね」

「はい。そして遂に辿りついたのが、この六か所に同じ性質のゴムをつけるのではなく、人間の足の裏と同じような機能を持たせてみようということです」

「足の裏……ですか？」

「人間は歩く時、踵とつま先を使って体重移動をしながら前に進みますよね」

「はい」

私も実際に歩く時のことを頭に描きながら答えました。

「そこで、踵とつま先にはそれぞれの役割があるのだから、この杖の六つのゴムにも踵部分とつま先部分を作って役割を与えてみようと思ったわけです！」

「そこが多点杖との明確な違いですね」

私は、先ほど天使の杖を突いて歩いた時の、スムーズに、より前へと進む不思議な手ごたえを思い出していました。

「以前の多点杖は六個のゴムがすべて硬さの異なる二層構造で出来ていて、衝撃の吸収と前に進む反発力の両方を兼ね備えたものでした」

「これも素晴らしい発想でしたね！　完成には大変な試行錯誤があったと聞いています」

「たしかに大変でした。でも、あの時の苦労があったからこそ、天使の杖の杖先に取りつけるゴムを一体型の構造にしようと思い、つけたのです。前回、最初からうまく行っていたら今の発想はなかったかもしれません」

失敗は成功の母とも言いますが、佐藤氏は自分自身でその言葉を噛みしめているようでした。

「多点杖も天使の杖も、同じように安定感と前に進む力、推進力を向上させて歩行を補助する機能があります。どちらもその点では優れた杖ですが、何よりも大切なのはその杖を突く方の身体の状態なのです！」

「身体の状態？」

「たとえば、杖を歩行の補助に使うお年寄りや足の不自由な方がいるとして、それぞれ体重や筋力、足の状態などはまったく違いますよね？」

「はい、男性、女性、年齢、どんな理由で杖を必要になったかも……」

私は以前の取材の後、たまたま知人の何人かが作業中にぎっくり腰（坐骨神経痛）になったことを思い出しました。そこで孫の手ステッキを紹介したところ、お陰でとても治りが早く、日々の生活も楽だったと大いに喜ばれたのです。

「そうです。そして杖というのはどんな形状や機能があるとしても、一つだけ変わらないのはグリップを手で握って使うということなんです」

そう話す佐藤氏の目が真剣さを増していき、私も聞き逃すまいと身を乗り出しました。

「足の筋力や身体が弱っているからこそ杖が必要になりますが、その杖を握ったり突いたりするにも、握力や腕力などが必要になるのです」

「本当ですね、自分は健康だからそこまで気にしていませんでした……」

「そこですよ。自分が健康だと、うっかりしていると優れた機能だけに目が行ってしまいますが、大切なのは実際にその機能を求めている人の身体の状態でも使いやすくする必要があるということなんです！」

佐藤氏は自ら図面を引き、様々なパーツを製作しながら完成させていく開発者であると同時に、発明家でもあります。だから佐藤氏は自分の発明した杖がどんな時に役立ち、どんなふうに使われることで、杖を使った人が元気になったり笑顔になったりするのかを常に考え続けているのです。

これこそが佐藤氏の尽きることのない発明と発想の源泉なのだと感じました。

「佐藤さんの本当の願いは、杖を突くことで元気になって、杖がなくても毎日を楽しめるようになることでしたよね！」

「ええ、人間は皆いずれ年老いて行きますし、それを止めることはできません。でも私の開発した杖を使うことで、杖なしでも歩けるくらい元気になればよいと思っています。やがて、また年と共に少しずつ衰えていきますので、より優れた歩行補助が必要になった時には、その時の状態に合わせて、孫の手ステッキや多点杖、そして天使の杖と、杖を選んでいただけたら嬉しいですね！」

そう話す佐藤氏の顔はいつもの茶目っけたっぷりな笑顔に戻っていました。私はこの佐藤氏の、何かを思いつき、考え、生み出す喜びにあふれている発明家の時の表情を見る時が一番わくわくさせられます。佐藤氏も私も話に夢中になり、いつの間にか酒を呑むのも忘れていました。

「ちょっと話が脱線してしまいましたね……でも、そんな思いもあって、天使の杖の開発は、六か所に吸盤状の杖先ゴムを取りつけて安定感を格段に向上させると同時に、この六か所の杖先の位置を実際の足の役割、つまり踵やつま先の機能を持たせるための研究から始まったんです」

「そして、ついにあの硬さの異なる二種類のゴムに辿り着いたんですね」

私は先ほどの、あの硬さの違うゴムを触った時の感触を思い出しながら、納得の表情を浮かべました。

「多点杖は二層構造のゴム先が、優れた歩行の補助を実現しました。一方の天使の杖では二種類の硬さのゴム先を使い、このゴムの種類と六つのゴムの配置を工夫することで、踵とつま先の役割を持たせることができ、安定性はもちろん、より高い推進力で歩行の補助が実現できるようになりました」

「面白い！　本当に面白いですね。一点杖のゴムを全部の杖先に着けてみたら、という発想からさらに新しい仕組みを取り入れて、最終的にアシスト多点杖を超えるものを作ってしまったんだから。佐藤さんはやっぱりすごい発明家です！」

「いえいえ……ただ私は新しいアイデアをイメージして、それを形にするという、モノを作っている時が一番幸せなだけなのですよ」

佐藤氏はそうやってちょっと照れながら答えました。

「生かされている」という気持ちの力

発明や発見というのは日常のふとした出来事から生まれると同時に、それを真に役立つ道具へと進化させるには、並々ならぬ情熱とこだわりが必要なのだと私はあらためて強く感じました。

そして、今の佐藤氏のそのエネルギーを支えているのは「生かされている」という喜びと感謝だと思うのです。だからこそ、あの大震災の時の光景が今も心のうちにあり、一人でも多くの人に喜んでもらうためにも、現状に満足せず、さらなる進化を杖に求め続けているのだと！

「がんになって、自分には時間が残されていない！　と以前はそう思っていました。でも今は違います。自分には自らが為すべきことを果たす時間を与えられたのだと思っているんです」

そう語った佐藤氏は、自分のルーツ探しやキリシタンとしての洗礼を経て、その思いを確固たるものにしています。今もまだ、がんの再発や転移という命の危機と隣合わせであることから、彼は毎朝起きた時に「自分は今日も生かされた！」と思い、それをご先祖様に感謝し、天に感謝を捧げているのだといいます。

この自分を支えてくれる思いを大切にしつづける限り、佐藤氏はきっとこれからも素晴らしい発明をして、それを形にしていくに違いありません。

「しかし、こうなると今回の杖も一日も早く世の中に送り出したいでしょう？」

私は盃に酒を注ぎながら佐藤氏に尋ねます。すると、その盃を口元に運んでいた佐藤氏の手が止まりました。

そして我が意を得たりとばかりに姿勢を正すと、私にこう告げたのです。

「そのことでね、実はもう一つ乾杯したいんですよ」

「え、それは……？」

「あの約束の時に！」

「約束の時——それは、あの時の？」

「覚えていますか？　あの日のことを」

「もちろん、忘れるはずがありません！」

そして、私たちはしばしの間、生涯忘れることのないあの約束の日に想いを馳せていました。

洗礼式

――二〇一四年四月十九日、十九時過ぎ。カトリック中町教会において復活徹夜祭が始まりました。

神父様に届ける杖を取りに佐藤氏の事務所まで帰っていた私たちは、出来るだけ急いで車を走らせ、何とか十九時前には中町教会に到着することができました。

「では、行ってきます！」

「はい！」

佐藤氏と私は短く言葉を交わすと握手をして別れました。佐藤氏はこの御ミサの中で洗礼を受けるため、前の列へ座ります。一方で私は、後ろの列に座りました。

復活徹夜祭の御ミサではろうそくの火を灯し、まず聖歌を歌い、祈りと祝福を捧げる「光の祭儀」、続いて聖書の朗読、そして最後に佐藤氏が正式にクリスチャンとなるための洗礼式が執り行われます。私はこの御ミサの間、前の列で祈りを捧げてその時を待っている佐藤氏を見ていました。電灯を消して暗闇となった聖堂が、やがて皆が手にしたろうそくの灯によって美しく照らし出され、厳かに響く聖歌と祈りの言葉に耳を傾けながら、ふと私は考えていました。

はたして、四五〇年前の洗礼式とは一体どんな感じだったのでしょうか。大村藩ではその最盛期には領内に八十七もの教会があり、キリシタンの数も六万人以上であったと言われています。当時の藩主、大村純忠公の庇護のもとで繁栄したあの頃も、今と変わらない儀式で祝ったのでしょうか。

そのようなことを考えていると、今日この教会で洗礼を受ける佐藤氏はクリスチャンになるのでしょうが、何となく、かつて四五〇年前にそう呼ばれていたように、「キリシタン」と呼んでみたい気がしました。

いよいよ、洗礼式が始まります。今夜、共に洗礼を受ける列席者の方と並んで佐藤氏も立ち上がりました。一人一人がその名を呼ばれ神父様の前に立つと、洗礼の文字通り額に水がかけられ、次に洗礼の証として十字の印を額に受けました。これはまさに二千年以上変わらない儀式なのでしょう。そして最後に洗礼名を呼ばれます。

中町教会での洗礼式の様子

「……ガブリエル、これがあなたの洗礼名です」

神父様の声が静かに聖堂に響いた時、荘厳な式の雰囲気の中で表情を引き締めて洗礼の儀式を受けていた佐藤氏の表情が、ほっとしたような笑顔に変わったのが後ろの席からもよく見えました。

こうして洗礼式も無事に終わり、佐藤氏をはじめ、この日、洗礼を受けた皆さまを祝福して聖堂中に拍手が響き渡ったのでした。

「佐藤さん、おめでとうございます!」

「ありがとうございます!」

「おめでとう!」

「ありがとう!」

こうして復活徹夜祭の御ミサも無事に終わり、やがて聖堂の入口へと姿を見せた佐藤氏は、たくさんの人たちから祝福の言葉を受けていました。今、佐藤氏の周りでにこやかに祝いの言葉を述べ、握手を交わし、談笑をしている人たちのほとんどが、今日が初対面だったに違いありません。でも、今はもう同じクリスチャンの兄弟姉妹なのです。今の気持ちを尋ねる必要もないくらい、この時の佐藤氏は幸せと喜びに包まれていました。

一足先に外に出ていた私は、少し離れたところから、そんな佐藤氏の様子を見つめていましたが、やがてたくさんの祝福もひと段落し、神父様へのお礼と挨拶を済ませた佐藤氏が、私を見つけ手を振りながら歩いてきました。

「おめでとうございます！」

私も笑顔で祝福を述べると手を差し出しました。

「ありがとう！　本当にありがとう……」

佐藤氏は少し照れながらも、心からの笑顔でがっちりと握手を交わしました。

お告げの天使

その夜、私たちは中町教会を後にして、遅い夕食とお祝いを兼ねて二人だけの祝杯をあげるために、近くのワインバーへ向かいました。そこは佐藤氏の昔からのご友人が経営されているところだそうで、佐藤氏の顔を見るとオーナーさんがすぐに笑顔で出迎えてくださいました。

「実はね……今日、洗礼を受けてきたんだよ！」

佐藤氏はいたずらっ子のような笑顔で、やや唐突に話を始めます。

「洗礼ですか？」

オーナーさんはそんな突然の申し出に少しだけ驚きつつも、そこにいつもの佐藤氏らしさを感じたのか、すぐに頷いてお祝いを述べてくださいました。

その光景をみるにつけて、やはりここは長崎なのだと私は実感します。長崎以外の場所であれば、突然、お客様から洗礼を受けたと言われても、そもそも何のことだか分からないかもしれません。クリスチャンであろうとなかろうと、誰もが皆、歴史という記憶の遺伝子の中に、南蛮貿易やキリシタン、オランダ文化といった、西洋の歴史と共に歩み続けた長崎の歴史があるのでしょう。

その意味では、佐藤氏の洗礼という決断も、やはり長崎ならではのことだったのかもしれません。

ともあれ、私たちはお祝いの意図を察してくださったオーナーさんのご厚意で奥の席を開けていただき、さっそく乾杯をすることにしました。やがて一本の赤ワインとグラスが運ばれてきました。

「いつもは日本酒で乾杯が多いですが、今日はやっぱり特別ですね！」

グラスに注がれるワインの美しいルビー色を眺めながら佐藤氏は笑顔で言いました。

「そうですね、何と言っても、今日はキリシタンになった祝いですもんね!!」

私も笑顔で答えてワイングラスを掲げました。

「乾杯!!」

合わせたグラスから、美しい音色が響きました。

「洗礼式は緊張しましたか？」

「実は緊張しました」

ワインのアルコールも手伝って、漸く緊張がほぐれてきたかのように、佐藤氏の言葉も滑らかになります。

「洗礼名はガブリエルですね！」

「はい、お告げの天使、聖ガブリエルですね」

この洗礼名というのはクリスチャン・ネームとも呼ばれ、カトリックの洗礼を受ける時に付けられる名前のことです。主に聖人や天使の名をいただくことが多いそうですが、その中から聖ガブリエルを選んだ理由について、佐藤氏はこう教えてくれました。

それは聖ガブリエルが「お告げの天使」と呼ばれていたからだそうです。ガブリエルは聖書の中にその名があらわれ、キリスト教ではラファエル、ミカエルと共に三大天使として知られています。また天使ガブリエルはルネサンス期のイタリアを代表する芸術家レオナルド・ダ・ヴィンチの絵画「受胎告知」にも登場し、そこでも神のことばを伝える天使として描かれています。

佐藤氏にとっては、この「お告げの天使」こそが、自らの人生の意味を探し求め、ご先祖様の歩みからその答えを長崎の歴史に見出し、ついにクリスチャンになるに至ったこの道へと導いてくださった力ではないかと思えてならなかったのだそうです。

最初に佐藤氏からクリスチャン・ネームを天使の名に決めました、と聞いた時にはちょっと驚きましたが、話を聞いてみると、それは不思議なくらい佐藤氏にぴったりでした。

誓いの日

二人はまたワインで乾杯しました。その後も洗礼式の様子を話して盛り上がり、やがてそのワインも残りわずかになってきた頃、佐藤氏はおもむろに愛用のカバンの中から大切そうにあの封筒を取り出しました。

そう、今日最大の奇跡といえる出来事、ローマ教皇様から届けられたお手紙です。私たちは今日一日を振り返り、感動を新たにしていました。

「それにしても……！」

佐藤氏も私も、それ以上の言葉を必要としませんでした。

あの時、佐藤氏がクリスチャンになると私に告げてから、この二〇一四年四月十九日に至るまでに、私たちの周りでは偶然とも奇跡とも思える、さまざまな不思議な出来事が起こりました。

突然の前ローマ教皇様の辞任から、史上初となるイエズス会出身の教皇フランシスコ様の就任。佐藤氏のカトリック入門講座を導いてくださったイエズス会の大木神父様との出会い。感謝の気持ちであるアルゼンチン料理から実現したローマ教皇様への孫の手ステッキの献上。そして、佐藤氏の洗礼式である今日、ローマ教皇様からの手紙が佐藤氏の元に届いたこと。

どれか一つでも選択が欠けていれば起こり得なかったこの奇跡は、まさに、聖ガブリエルの導きであったといっても過言ではないのではないでしょうか。

「本当に……おい（自分）は幸せもんよね！」

佐藤氏は方言まじりに、しみじみと呟きました。

「実はね、今日一日……いや、今日までのすべてのことを振り返っていたんだけど、おいはもしかしたらちょっと違ってたのかもしれん」

「え？　何が違っていたのですか？」

「おいさ、この杖を作ったばかりの時には、孫の手ステッキを突いてたくさんのお年寄りが元気になって、笑顔になって、そして、そんな杖の事業が成功して、関わる人みんなが幸せになればそれでいいって思ってた……」

佐藤氏は当時のことを思い出すように目を閉じ、そして話し続けます。

「でもさ、今日こんなすごいことが起きて、教皇様からのメッセージを読んで、おいや周りのみんなの健康まで祈ってくださるって……だから、おいは分かった！　なんでおいはクリスチャンになったのかって！　きっとおいにはまだまだやるべきことがあるし、人生もまだ終わっていないんだと!!」

そう一息に言うと、佐藤氏は手元の教皇様からのお手紙をもう一度見つめながら、かつてない晴れ晴れとした表情でしっかりと最後にこう告げたのです。

「今はまだ福祉の世界でこの杖事業を始めたばかりだから、まずはこの事業をきちんと行う！　でも、いつの日か、時が来たら、おいは必ずこの杖を世界中に届けてみせる！　それにはきっとまだまだ時間もかかるだろうけど、世界中の人たちに安全で安心の杖を突いてもらうために、今まで以上にもっともっと研究を重ねて、国や地域でも異なる体格や体重、生活スタイルにも対応できる最高の杖を作ってみせます！　そして、その時こそがおいにとって新たな挑戦を始める時です!!」

「……すごい！　これはまさに誓いの宣言ですね!!」

「そうです！　そしてその時にはあらためて私に力を貸してくださいね！」

感動に包まれている私に、佐藤氏はこう言って手を差し出しました。そして、私もしっかりとその手を握り返します。

「もちろんです、喜んで!!　その時を待っています!!」

「では、いずれ必ず『誓いの日』が来ることを願って！」

佐藤氏はワイングラスを掲げました。

「誓いは必ず実現します！　きっとご先祖様も天も導いてくれるでしょう！」

私もグラスを掲げました。

「乾杯!!」

世界に届け、天使の杖

二人であの日を思い起こす今、彼の手にあるのはワイングラスではなく日本酒の杯でしたが、その瞳に燃える情熱はあの日と変わることなく、高い志、感謝、そして新しい挑戦を始める高揚感でいっぱいでした。

「ついに訪れたのですね!」

佐藤氏を見つめながら私は確認するかのようにゆっくりと尋ねました。

「そうです、あの誓いを果たす時が!!」

佐藤氏も言葉を噛みしめながら答えます。そして私は気づきました。

「そうか!　だから『天使の杖』なのですね!」

「そうです……私の洗礼名、お告げの天使、聖ガブリエルが護り、導いてくださるでしょう」

佐藤氏は嬉しそうに答えました。

「この天使の杖こそが、日本から世界へと広がる新たな一歩となる、お告げの杖となるのですね！」

「そうです。これなら、この杖を使う世界の地域、それぞれの体格や身体的な能力に合わせて自由自在に調整することができます！」

「そうか、天使の杖の構造であれば、たしかにそれが可能になる……そこまで考えて！」

そう、佐藤氏はあの誓いの時から、一日たりとも約束を忘れていなかったのです！

孫の手ステッキやアシスト多点杖は、たしかに日本のご老人や国内の環境で使うためによく考えられたものですが、国外での利用は考えられていませんでした。

そのため、機能面だけでなくメンテナンスを含めたすべてにおいて、天使の杖であれば世界中の誰もが安心で安全な杖として、その優れた機能を活かすことができる杖足り得ると佐藤氏は確信したのです。

「乾杯しましょう！」

私はあらためて盃を上げました。

「ありがとう！」

佐藤氏も嬉しそうに盃を上げました。

「誓いの日に！」

「約束の時に！」

「乾杯!!」

私たちは杯を合わせ、その夜、最高の美酒を呑み干しました。

そして二〇一六年春、私は久しぶりに長崎の地を訪れました。

その目的はただ一つ。

かつて佐藤氏が宣言した誓いにより、新たにスタートする新事業について取材するためです。

エピローグ

二〇一六年春、佐藤氏は正式に新プロジェクトを立ち上げました。

もちろんプロジェクトの目的はただ一つ。かつて佐藤氏が立てた、「世界中の人にこの杖を届けてみせる！」という誓いを果たすこと。

この誓いの実現にあたって、佐藤氏は一つの大きな決意を固めていました。

それは、この事業をたった一人から始める、ということです。


「でも、どうしてお一人で始めようと思われたのですか？」

佐藤氏からの連絡で長崎を訪れた私は、三年ぶりの取材にあたって、まず最初にこの決意について尋ねました。

かつて佐藤氏が孫の手ステッキを開発した時は多くの支援者が集まり、正式な介護事業として進めることができました。嬉しいことに、今では孫の手ステッキもアシスト多点杖も介護福祉用具として日本全国のお年寄りや足の不自由な方が使えるようになり、十年前に孫の手ステッキを考え出した時から佐藤氏がずっと考えてきた「足の不自由なすべての人に安全で安心な杖を！」という願いを実現することができたのです。

そのような中で、なぜ、敢えて一人で今回のプロジェクトを始めるのかを、私は聞かなければなりませんでした。

「何より、まず原点に帰りたかったのです」

佐藤氏は静かな笑顔で答えました。

「原点というのは?」

「今でこそ、こうして多くの方にご支持をいただいて、私の開発した杖たちはお陰さまで、日本中の多くの方に突いていただけるようになりました。本当に嬉しいことだし、ありがたいことです」

佐藤氏は続けます。

「でも、私には今でも忘れられない大切な思いがあるのです。最初の頃、私は毎日たった一人で長崎中を廻り、孫の手ステッキを一所懸命に説明し、それに納得して杖を求めてくださったお客様には、一本一本、杖を手渡ししていたのです」

「たった一人で……それは大変だったでしょう?」

しかも佐藤氏は当時、咽頭がんのリハビリ直後であり、体調も今よりずっと不安な頃だったはずです。けれども、佐藤氏は当時を思い起こすように笑顔を浮かべました。

「たしかに……でも、それ以上に嬉しかったのは、私の作った杖を目の前で突いてくれて、『ああよかね〜』って顔をほころばせて喜ぶ姿を直に見れることでした。これに勝る報酬はなかったですね！」

「それは本当に嬉しいですよね……励みにもなりますし！」

「そう、実際に励みになっていたと思います。お年寄りの皆さんの笑顔を見る度に、自分の身体が喜んでいるのが分かるんですよ！　……だからこそ、今回の新プロジェクトはもう一度原点に帰って、あの時と同じようにまず一本一本から始めたいのです」

その佐藤氏の言葉に私も、足の不自由なお年寄りがあの天使の杖を手に取り、試しに突いてみた瞬間の表情を想像しました。それはきっと素晴らしい笑顔であるはずです。

「ああ、それは本当にいいですね」

「いいでしょう？」

私の思いを察したのか、佐藤氏はあの茶目っけたっぷりの笑顔になりました。私も、にやりと笑い返します。

「世界中の人に杖を届ける、という壮大な事業が、まず一本一本から始まる、というところがいいですね！」

「そう……だからこそ大切だと思うのです。そしてこのプロジェクトは、私にとって大きな意義を持った事業になると思っています。あの『誓いの日』に辿り着くことができたのは、私が人生の意味を求め続け、そのためのルーツ探しを大切にし続けたからだと思います。だからこそ、この事業だけは私が自分の力と責任で始めなければならないのです」

佐藤氏は私の顔を真っすぐ見ながら力強く言いました。

「たしかにそうですね！　すべてはあのクリスチャンになるという人生の選択から始まったのですから！」

「そう！　もちろん、いつかこの新しい杖が世界中の人たちによって突かれる日は来ると思うし、その実現の時にはきっと今まで以上にたくさんの方々からこのプロジェクトをご支援いただいていることと思います」

「たしかに、今までの不思議な出来事を考えると、きっとそんなふうに発展していくでしょう！」

ここに至るまでの数々の奇跡を思い出しながら私も頷きました。

「でも、だからこそ、この事業だけは誰よりも私自身がその原点を失ってはいけないのです。もしそれが不思議な何かに導かれて実現するとしても、始めるのは私自身であり、あの誓いの日の決意を生涯忘れずに歩んでいきたいのです」

そう言いながら佐藤氏は愛用のカバンの中から、大切そうに一通の封書を取りだしました。もちろんそれは、あの奇跡の日に届いたローマ教皇フランシスコ様のお手紙です。

「新しい取り組みですから、何事も大変だと思います。でも、私には心強い祈りがありますから」

「はい！　これ以上ない力になりますね……！」

大村純忠公

佐藤氏と話をすすめるうちに、私も彼に伝えるべき、ある大切なことを思い出していました。

「そう言えば、私は大切なことを伝えなければいけませんでした。あの大村純忠公ですが……晩年は咽頭がんだったそうです！」

「ええっ……それ本当？」

私がはじめてそれを耳にしたときと同じように、さすがの佐藤氏も驚きを隠せませんでした。

大村純忠公は晩年、咽頭がんと肺結核に侵されて重病の床にあったといいます。そして一五八七年、純忠公の終焉の居となった坂口館で五十五歳の生涯を閉じました。日本で最初のキリシタン大名であり、洗礼名をドン・バルトロメオといいました。

「まさか、純忠公もおいと同じ咽頭がんだったなんて……」

佐藤氏はしばらくの間、沈黙していました。

「これって偶然なんでしょうか？」

「……実は、その純忠公に関係することで、私もお尋ねしたいことがあるのです」

私の問いに応える代わりに、今度は佐藤氏が問いかけました。

「ほら、先日、大村にある純忠公の終焉の地、坂口館に行った時のことを覚えていますか？」

「はい、もちろんです！」

私たちはかつての取材から三年ぶりに、佐藤氏のルーツ探しの舞台となった大村市や生まれ故郷である東彼杵町を訪れた時のことを思い出していました。先日、北九州で再会を果たし、約束の日が訪れたという佐藤氏の決意を受けて、私たちはかつてすべての始まりとなった佐藤氏に所縁の地を再び訪ねてみることにしたのです。

三年ぶりの訪問でしたが、実際に訪れてみると、そこには前回感じることができなかったような新たな気づきにあふれていました。

その最大の理由はやはり佐藤氏がクリスチャンになっていたことにあったでしょう。中でもそれをはっきりと感じたのが、大村純忠公がその晩年となる二年間を過ごしたという終焉の地、坂口館を訪れた時のことでした。

坂口館には大村市指定史跡の認定を受けた「大村純忠公終焉の居館跡」の石碑があるのですが、そのすぐ隣に史跡説明があり、そこには大村藩の藩主である大村純忠公の晩年の様子や純忠公が日本の領主で初めて洗礼を受けたことによって、大村領内で急速にキリスト教が広まり、最盛期には領民ほぼ全員がキリスト教徒になっていたことなどが記されていました。そしてその数はなんと六万人であったということです。

別の文献によりますと、当時の日本全土のキリシタンの数が約十五万人であったということですから、日本の信徒の約四割が大村領内にいたことになります(『大村純忠伝』教文館出版部)。

これについて、別の文献では次のように記されています。

『中世末、純忠によって彼杵郡の大部分が支配下におかれ、戦国大名としての地位が築かれた。しかし常時隣国の来訪に備えなければならなかった。それにもかかわらず蔵入地は乏しく、一族重臣の向背常ならず、純忠はキリスト教に入信することで貿易の利を得、人心の安定を図った。横瀬浦、福田・長崎と南蛮貿易のために次々と港を開き、領民六万人すべてをキリシタンとした。』(『長崎燃ゆ 大村純忠』(叢文社)より)

「実は、あの説明を読んだ時から、ずっと心に引っかかっていることがあって。ふと思ったのですが、現在の長崎県のクリスチャンは一体何人くらいだろうと思って、それで調べてみたんです」

佐藤氏は私の顔を見ながら言いました。私も佐藤氏の顔を見ながら次の言葉を待っていましたが、ふと思い当たった数字が脳裏に浮かんだのです。

「もしかして……まさか……」

「そうなんです。現在の長崎の信者数も、何と約六万人だったのです!」

佐藤氏はわが意を得た、とばかりに笑顔で私に言いました。

「これって本当にただの偶然の一致なのでしょうか?」

私は何とも言えない不思議な思いに包まれていました。佐藤氏の取材をするようになってからというもの、不思議な出来事や数々の奇跡を目の当たりにしてきました。だからでしょう、これまで佐藤氏の人生に起きたすべてのことが、一つに繋がろうとしているのではないかと感じたのです。

「突然、咽頭がんを宣告されたことにも意味があるのかもしれない」

「だとしたら……不思議ですね……」

私たちはこれまでのことをしみじみと振り返りながら、その不思議な関係性に感心するばかりでした。

長崎から世界へ

かつて咽頭がんの末期宣告を受けながらも、その苦しみを乗り越えて素晴らしい杖を発明し、そして今、誓いを果たすべく新たな事業を始めようとする佐藤氏と、四五〇年前に同じくこの長崎の地で日本初のキリシタン大名として戦国乱世の時代を駆け抜け、最後は佐藤氏と同じ咽頭がんで命を終えた大村純忠公の人生……。

「おい、分かったような気がする！　ご先祖様が導いてくださったことの本当の理由を！」

佐藤氏は力強く答えました。

「前回の取材で彼杵の郷土史からたくさんのご先祖様の活躍を見つけることができ、そして今回の取材でも故郷、東彼杵町が長崎発展の歴史において重要なところであったことも分かった。そして四五〇年前、私たちの領主、大村純忠公が長崎を世界に繋がる貿易港にしてくださった……そして大村純忠公の死と共に、今度はキリスト教の弾圧が始まり、それはやがて鎖国という江戸幕府のみが海外貿易を行うことができる政策へと繋がり、長崎は海外に開かれた唯一の貿易港として新たな発展を遂げていった……」

佐藤氏の思いを受けて、私も答えました。

「そうです！　いつの時代も長崎は世界に開かれた玄関なのです。もちろんこれからも！」

佐藤氏は清々しい表情で言いました。そして私に向かって力強く頷きました。

「もう迷いはありません！　私はこの長崎から新たな一歩を踏み出します。ご先祖様に導かれ、そして今、純忠公から力強いエールをいただいたような気がします！」

「それにしても佐藤さんにとって大村純忠公は特別な存在なのですね」

佐藤氏の言う純忠公という言葉には、いつも敬意や愛情に似た、特別な響きが感じられました。

「実はこれも思い起こすと不思議な話なのですが、私がもう少し若い頃にその大村純忠公の末裔にあたる方と一緒に大きな仕事をしたことがあったのです。それもまた、長崎の発展に繋がる大イベントの開催準備で……彼は私よりも年少でしたが、やはりどこか気品があり、そして何よりも気持ちの良い青年でした」

佐藤氏は懐かしさと共に、どこか悲しさを湛えた表情を浮かべていました。

「でした……というと、今はもう……」

「ええ、後日のことになるのですが、ある時、久しぶりに連絡を取ろうとしたら、まだ若いのに、すでに病気で亡くなっていたということです」

佐藤氏の言葉には無念の思いがにじんでいました。

「今にして思えば、本当にこれも何かのご縁だったのでしょう」

佐藤氏は亡き友に祈りを捧げるかのように暫し沈黙の後、そう呟きました。

「だからこそ、やはり純忠公は特別な存在なのでしょうね……」

「そうですね……かつてご先祖様がそうであったように、私にとっても領主様なのだと思います！」

佐藤氏もその思いを確かめることができたようでした。

そして最後に彼は、決意を新たにするようにこう言ったのです。

「私も自分に与えられた命を全うし、長崎から世界へ！　必ずこの新しい杖をいつか世界中の人に突いていただけるように頑張ります！　世界中のお年寄りや足の不自由な方に安全と安心、そして元気と笑顔を届けるために！　そしてこの一本の杖の中に込められた、私の思い、ご先祖様の思い、大村純忠公を始め長崎の発展に尽くした、たくさんの人々の思いも伝えていこうと思います」

それは佐藤伸也氏にとって新たな一歩であると共に、自ら探し続けた人生の意味を見つけた瞬間でもあったのだと思います。

人生の意味

かつて人生の絶頂期に突然、咽頭がんの末期宣告を受け、失意のうちに諦めかけた命……それを叱咤し、生きる気力をよみがらせてくれたのは亡き父の言葉でした。

『もっともっと多くの人の役に立つ生き方をしてほしい！』

手術が成功し奇跡の生還を果たした時、佐藤氏は「生きている」のではなく「自分は生かされている！」という思いを強くしました。

そして誰よりも佐藤氏の生還を喜び、激痛と孤独のリハビリを支えてくれた母からはこんな言葉をもらったのだといいます。

「今、あなたが生きているのは、ご先祖様に護られているからよ」

父と母の言葉に支えられた佐藤氏は、その後、数度のがん再発による手術や過酷なリハビリをも耐え抜き、ついに末期の咽頭がんを克服することができたのです。

そして亡き父の言葉は佐藤氏に新たな道を開いてくれました。リハビリの間に起きた出来事から、大いなるひらめきを経て、佐藤氏はお年寄りや足の不自由な方にとって、より安全で安心な滑りにくい新しい杖を発明したのです。やがて孫の手ステッキと名付けられたこのまったく新しい杖は、日本中に広がり多くの方から喜びの声が届くようになりました。

一方で「自分が生かされている」という真の理由を知りたいと願った佐藤氏は、母の言葉を受けて故郷の東彼杵で自分のルーツ探しを経て、四五〇年以上前のご先祖様の活躍やキリシタンとのつながり、そして大村藩主・大村純忠公について知ることになり、四五〇年以上前の彼らと同じクリスチャンになることで、そこにある導きの意味を知るようになりました。

こうして二〇一六年、佐藤氏の新たなプロジェクトがスタートします。

私がお伝えできるのは、今はまだここまでです。

天使の杖を携え、これから佐藤氏の事業がどのように世界へと広がっていくのか、もちろん、私にも想像がつきません。

けれども、私には確信していることがあります。

それは、佐藤氏は命のある限り、亡き父の言葉を胸に、発明家としてこれからも素晴らしい杖を開発し続けるであろうということ。その思いがある限り、佐藤氏の杖は進化を続け、その向こうには日本はもちろん、世界中のお年寄りや足の不自由な方の元気な笑顔が待っているということ。そして彼の命は、佐藤氏が愛する母からの言葉の通り、ご先祖様たちに護られて、必ずその事業を全うするに違いないことを。

また近いうちに、佐藤氏の物語の続きをお伝えすることができることを信じて……。

本書でもご紹介させていただきました、約三十年にわたりネパールで障がい児や貧しい人々のために活動をされ、また長崎のイエズス会修道院にて佐藤伸也氏を導き深い愛情を注いでくださったイエズス会の大木章次郎神父様が、二〇一五年十月二十九日に東京のイエズス会ロヨラハウスにてご逝去されました。享年八十九でした。

神の御許に召されました大木章次郎神父様が、安らかな眠りにつかれますようお祈り申し上げます。

佐藤 伸也（さとう しんや）氏　紹介

アシストインターナショナル株式会社代表取締役。

1958年9月29日、長崎県東彼杵生まれ。幼少期より物づくりに深い興味を示す。

1995年7月7日、長崎市魚市場跡地にレストラン・ランビニ1号店をオープン。その後、長崎市を中心として最大12店舗に及ぶ飲食店経営を手掛けるが、2005年に末期の咽頭がんを宣告されたことから治療に専念し、すべての事業を整理する。


長期にわたる放射線治療と抗がん剤治療、度重なる転移再発を乗り越えて奇跡の復活を遂げた後、2011年に入院治療中の体験にひらめきを得た自立する介護杖「孫の手ステッキ」を発明・開発。以後「より多くの人を幸せにする生き方を」という父の言葉を胸に、杖の発明家として歩み始める。

同時に、末期がんからの奇跡の復活を経て自らの生きる意味を求め、自身のルーツ探しを行う中で、先祖の歩み、長崎の歴史とキリスト教の深い繋がりを知り、2014年にカトリックの洗礼を受ける。


その後、次々に起こった不思議な出来事や、「孫の手ステッキ」がローマ教皇様に献上され親書を頂くという奇跡を体験し、導きの存在を感じて「世界中のすべての人に安全で安心の杖を届ける」ことを天に誓った。

2016年、自身の研究成果である最高の杖「天使の杖」を完成させ、これを世界中へ届けるべく新たな事業をスタートさせる。

【著者プロフィール】

中村 隆典（なかむら たかのり）

1970年、福岡県に生まれる。作家。

趣味はパソコンと読書で、コンピューター歴は25年以上。

パソコン教室の講師、販売員を経て、自分の理想とする徹底した入門ガイダンスから始まるパソコン導入と快適活用の支援を実現する総合サポート会社「システムケア」を設立し現在に至る。

ライターとしては、2000年にその基礎講習のノウハウを蓄積した入門書『パソコン入門の入門』（明日香出版社）を出版、現在はフリーパブリシストとして執筆活動及び出版プロデュースの仕事を手掛ける。2012年梓書院より発刊の『木のえくぼ』（水田和弘著）をプロデュース。

2013年、佐藤伸也氏を取材した『孫の手ステッキは神様からの贈り物 末期癌を乗り越えて』（梓書院）を上梓。

佐藤伸也氏聞き書き 世界(せかい)に届(とど)け天使(てんし)の杖(つえ)

2016年11月1日初版発行

著　者　中村隆典
発行者　田村志朗
発行所　㈱梓書院
〒812-0044
福岡市博多区千代3-2-1
TEL 092-643-7075
印刷・製本　シナノ書籍印刷㈱

ISBN 978-4-87035-587-3